JN295198

楽しく学ぶ
アナログ基本回路

―― 電子部品のマスターからアプローチ ――

吉本 猛夫 著

CQ出版社

はじめに

　電子技術は多くの基礎技術から成り立っており，これらを一冊の参考書だけでマスターするのは至難の業です．専門の学校では「電気磁気学」，「電気回路理論」，「電気計測」などの分野を分け，それぞれの分野に特化して解説する教科書や参考書を用意しているほどです．

　電子技術をささえる数学も，「代数」，「三角関数」，「微積分」等々いくつかの分野にまたがっているのでさらに大変です．

　一冊の参考書でまとめるためには，「分野」と「技術レベル」の組み合わせを絞り込むことが必要で，読者もそのことをわきまえていることが望まれます．

　さて本書が意図した「分野」は「アマチュア無線」，「技術レベル」は「ビギナー」です．

　アマチュア無線家は電波を出せる国家資格を持った無線従事者ですから，レベルはビギナーであっても，一般の人よりは専門家（プロ）であるといえます（であってほしいものです）．

　したがって，それなりに専門的な用語，たとえば部品の名前やインピーダンスなどという聞きなれた用語はある程度わかっているとして使いますが，ビギナーということを考慮して，原理を説明するための数式は極力使わないことにしました．

　本書の具体的な目標は「回路図が読めるエンジニアになること」としました．回路図が読めるということは実はすごいことなのです．なぜそうなのかについて少し触れておきましょう．

　回路図が読める実力があったら，まずその機器の修理ができます．性能を改善することもできます．人の考えた回路の長所・短所がわかり，真似することもできますし，間違いを正すこともできます．回路図が示されてない製品の回路をたどって回路図に写し取り，原理を調べるといったひそかな楽しみもあるのです．

　回路図が読めるということは，その回路が何をしているのかを説明できることです．

　そのためには回路図を構成する抵抗器やコンデンサなどの部品の働きを知らなければなりません．部品やその組み合わせでどんなことができるかを知るようになることは，より上級の技術士にバージョンアップすることともいえます．

　回路図は，言葉が通じない外国人との間でも，見ただけでそのシステムの原理や機能を表現できるすばらしい世界共通語です．

　繰り返しますが，本書の目標は「回路図が読めるエンジニアになること」です．

　いま述べたように，回路図は抵抗器やコンデンサなどの部品の集合体ですから，本書ではこの目標のために，電子部品を理解することを柱に解説していきます．電子部品には半導体やOPアンプ（オペアンプ）も含めます．終盤で帰還や非線形に触れ，グラウンドを中心にした実装の領域にまで踏み込むことにします．

　本書の対象はビギナーのハムを想定しましたが，内容はハムではない一般の人にも無条件であてはまることをつけ加えておきます．

2012年1月　著者

目次

はじめに ……………………………………………………………………………………… 2

第1章　電気とは何か …………………………………………………………………… 9

- 1-1　電気の歴史を一挙にダイジェスト ………………………………………… 10
- 1-2　摩擦電気はなぜおこるのか ………………………………………………… 11
- 1-3　帯電したものの性質 ………………………………………………………… 12
- 1-4　電気を蓄える ………………………………………………………………… 12
- 1-5　電圧 …………………………………………………………………………… 12
- 1-6　電流 …………………………………………………………………………… 13
- 1-7　電力 …………………………………………………………………………… 13
- 1-8　直流と交流 …………………………………………………………………… 14
- 1-9　デシベル（dB） ……………………………………………………………… 15
  - Column A 「物理量」と「次元」 ……………………………………………… 15
  - Column B 「交流が使われる理由」と「送電線が高圧な理由」 …………… 17
  - Column C 生物と電気（両分野のプロになりましょう） …………………… 18

第2章　電源を考える …………………………………………………………………… 19

- 2-1　電源は何をするところか …………………………………………………… 20
- 2-2　電池の種類とひとくち知識 ………………………………………………… 20
- 2-3　一次電池は充電してもよいか ……………………………………………… 22
- 2-4　電池の等価回路と内部抵抗 ………………………………………………… 22
- 2-5　整合やマッチング …………………………………………………………… 24
- 2-6　交流から直流電源を作る …………………………………………………… 25
- 2-7　電源の製作 …………………………………………………………………… 26
- 2-8　誤診から電池を守るノウハウ ……………………………………………… 28
  - Column D ノート・パソコンの電源を上手に使う ………………………… 30

目次

第 3 章　抵抗器を知る　　31

- 3-1　抵抗器と抵抗値　　32
- 3-2　抵抗器の種類と回路図記号　　32
- 3-3　抵抗値の測定　　34
- 3-4　オームの法則　　35
- 3-5　抵抗器の並列と直列　　36
- 3-6　抵抗値の標準数とカラー・コード　　36
- 3-7　回路の中の抵抗器の役割　　38
- 3-8　超小型時代の抵抗器　　40
  - Column E　ダイオードの抵抗値　　39
  - Column F　こんな問題に挑戦してみましょう　　42

第 4 章　コンデンサをテーマに回路を語る　　43

- 4-1　コンデンサの原形　　44
- 4-2　コンデンサの能力と容量　　44
- 4-3　コンデンサの構造と種類　　45
- 4-4　コンデンサの独特な性質と使われ方　　47
- 4-5　バイパス・コンデンサ　　48
- 4-6　コンデンサの記号の読み方　　50
- 4-7　人間は歩くコンデンサである　　50
- 4-8　チップ・コンデンサ　　51
  - Column G　コンデンサはダイポール・アンテナのルーツ　　49

第 5 章　コイルのある回路　　53

- 5-1　アンペールの右ネジの法則　　54
- 5-2　レンツの法則とコイル独特の特性　　55

目次

- 5-3 コイルの能力, インダクタンス ……………………………… 56
- 5-4 コイルの発展形, トランス ……………………………………… 57
- 5-5 コイルの記号の読み方 ……………………………………… 58
- 5-6 コンデンサとの組み合わせと共振 ………………………… 58
- 5-7 まっすぐなコイル ……………………………………………… 59
- 5-8 L の調整棒 …………………………………………………… 59
- 5-9 位相のはなし …………………………………………………… 63
  - Column H フィールド型ダイナミック・スピーカ ……………… 60
  - Column I ラジオゾンデ ………………………………………… 61
  - Column J 直列共振回路のマル秘活用 ……………………… 62
  - Column K バランについて ……………………………………… 64

第6章 半導体の基本とダイオード …………………………………… 65

- 6-1 半導体は導体？ ………………………………………………… 66
- 6-2 ダイオードの原理 ……………………………………………… 67
- 6-3 ダイオードによる整流とAM波の検波 ……………………… 68
- 6-4 ダイオードによるスイッチ …………………………………… 69
- 6-5 ダイオードの順方向電圧の利用 …………………………… 69
- 6-6 ダイオードによる電源の保護回路 ………………………… 70
- 6-7 発光ダイオード・LED ………………………………………… 71
- 6-8 ツェナー・ダイオード ………………………………………… 72
- 6-9 可変容量ダイオード ………………………………………… 73
- 6-10 ダイオードによるデバイスの保護回路 …………………… 75
  - Column L 倍電圧整流回路 …………………………………… 74

目次

第7章　トランジスタの基本　……　77

- 7-1　トランジスタの誕生　……　78
- 7-2　トランジスタの動作原理　……　78
- 7-3　トランジスタ活用の第一歩バイアス　……　79
- 7-4　バイアス回路の設計　……　81
- 7-5　バイアスが決まったら　……　82
- 7-6　トランジスタをどうやって選ぶか　……　83
- 7-7　トランジスタの良否判定　……　85

第8章　トランジスタ回路　……　87

- 8-1　接地方式の選択　……　88
- 8-2　エミッタ接地方式の増幅器の設計　……　89
- 8-3　ベース接地方式の増幅器の設計　……　90
- 8-4　コレクタ接地方式の増幅器の設計　……　91
- 8-5　エミッタ抵抗器$R_E=0$を見直す　……　93
- 8-6　ダーリントン接続　……　94
- 8-7　差動増幅器　……　96
- 8-8　2段直結アンプを垣間見る　……　97
- 8-9　速成自作アンプ　……　98
- 8-10　ゼロバイアス（C級）アンプ　……　100

第9章　FETの基本と回路　……　101

- 9-1　接合型FET　……　102
- 9-2　MOS型FET　……　103
- 9-3　FETのバイアス　……　105
- 9-4　接地方式の選択　……　106

- 9-5　基礎的なFET増幅回路 …………………………………………… 107
- 9-6　FETの良否判定 ………………………………………………… 109
- 9-7　速成FETアンプ ………………………………………………… 110
- 9-8　FETの増幅以外の使い方 ………………………………………… 112

第10章　OPアンプの考え方と使い方 …………………………………… 113

- 10-1　理想的なOPアンプ ……………………………………………… 114
- 10-2　OPアンプの基本 ………………………………………………… 115
- 10-3　負帰還のかかったOPアンプの動作 ……………………………… 116
- 10-4　差動増幅回路 …………………………………………………… 117
- 10-5　高精度の差動増幅回路 ………………………………………… 118
- 10-6　OPアンプのあれこれ …………………………………………… 119
- 10-7　OPアンプを使ううえでのヒント ………………………………… 122
- 10-8　OPアンプの選択 ………………………………………………… 123
    - Column M　OPアンプによる電磁波検出装置 ……………………… 120

第11章　帰還，発振，非線形のはなし ………………………………… 125

- 11-1　帰還というもの ………………………………………………… 126
- 11-2　負帰還のいろいろ ……………………………………………… 127
- 11-3　正帰還と発振 …………………………………………………… 130
- 11-4　LC発振器 ……………………………………………………… 130
- 11-5　CR発振器 ……………………………………………………… 132
- 11-6　ブロッキング発振 ……………………………………………… 132
- 11-7　非線形回路 ……………………………………………………… 133
- 11-8　二つの交流の周波数がなせる業 ………………………………… 133
- 11-9　AGC（自動利得制御） ………………………………………… 135
    - Column N　饋電線，負饋還，正饋還 ……………………………… 136

目次

第12章 期待される技術のあれこれ …………………………………… 137

- 12-1 回路図読解力のチェック ………………………………………… 138
- 12-2 多端子部品の常識 ………………………………………………… 139
- 12-3 回路図記号 ………………………………………………………… 141
- 12-4 グラウンド記号はたくさんあるけれど…… ………………… 142
- 12-5 グラウンドの重要性 ……………………………………………… 142
- 12-6 楽しく学ぶ「学び方」について ………………………………… 146
    - Column O 回路図には書かれない実装ノウハウ ………………… 144
    - Column P センサのはなし ………………………………………… 145

索引 ……………………………………………………………………………… 149
著者プロフィール ……………………………………………………………… 151

第1章

電気とは何か

　電子回路とか電子部品という言葉はなにげなく使われていますが，それらの総元締めの位置に「電気」という言葉があります．そもそも電気とは何だろうと考えたことがありますか．

　空気や水と同じように，毎日のように電気の恩恵にあずかりながら，電気とは何かとたずねられたら明解に答えられない人ばかりだと思われます．電気はモノなのでしょうか，粒なのでしょうか．このような疑問に答えられるには，電気や磁気の発見から研究の歴史をひも解くのが近道です．

　この章では，これからさき電子回路を理解するのに必要最低限の基礎知識をおさらいし，「電気を語れる人」になっていただくことを目指します．

電気という言葉から連想される代表格の言葉は何と言ってもカミナリさんでしょう．
電気が何なのかが知られる前からカミナリは神格化されおそれられていたようです．
世界の電気を紹介する前に日本のカミナリ事情をさかのぼると，17世紀の大画家俵屋宗達の「雷神」が有名です．
太鼓を打ち鳴らすチカラコブの入った手足や顔立ちの何とも言えないおそれ多さ！
この金屏風の右側には黒雲に乗った「風神」がいるのです．ご参考まで．
電気の世界では有名なワット，アンペールや起電機「エレキテル」の平賀源内より約200年近く昔の作品です．

第1章 電気とは何か

1-1 電気の歴史を一挙にダイジェスト

　静電気，雷，電池や電波など，世の中には，いろいろな姿の電気がありながら，それらの関係を説明できないことがしばしばあります．こまかな説明は後まわしにして，ここでは電気の歴史を追いながら，電気全体を駆け足で総括してみたいと思います．

① 何といっても始まりは「静電気」と「磁気」の発見です．いずれの発見もギリシャのターレスという哲学者によるものとされています．静電気は物をこすり合わせると性質の異なる二種類の電気を帯びることがわかり，磁気は鉄を引き付ける鉱石の発見から始まっています．なんと紀元前にさかのぼります．

② その後電気も磁気も研究され，クーロンさん（Charles Augustin Coulomb 1736-1806 仏）のように法則まで導いた人もいます．

③ 摩擦によって起こった電気をなんとか蓄えられないかという研究がなされ，18世紀中ごろには今日のコンデンサに相当する図1-1に示すようなライデン瓶という装置が発明されました．発明者がライデン大学の教授であったことからその名前が付いています．

　それ以来，静電気が人間の意志で蓄えることができるようになりました．

④ 電気が蓄えられるようになって，電気の研究は加速しました．しかしここまでは，摩擦電気などで電気を発生させ，それを蓄えて研究したものと思われます．

　19世紀の終わりごろ，蛙の足の電気反応を調べていたボルタさん（Alessandro Volta 1745-1827 伊）が連続的な電流が得られる「電池」を発明しました．

　言いかえると放電しても電気の減らないコンデンサのようなものを発明したわけなので，このあと電流に関する研究が加速的に進んだことでしょう．

⑤ 電池によって連続的な電流が作れるようになって，電流の周囲に磁気の変化が認められることになり，さらにその電流を変化させることによって磁気誘導といった研究成果が得られてコイルが誕生しました．「発電」も可能になりました．電流を変化させることは「交流」への展開にもなりました．

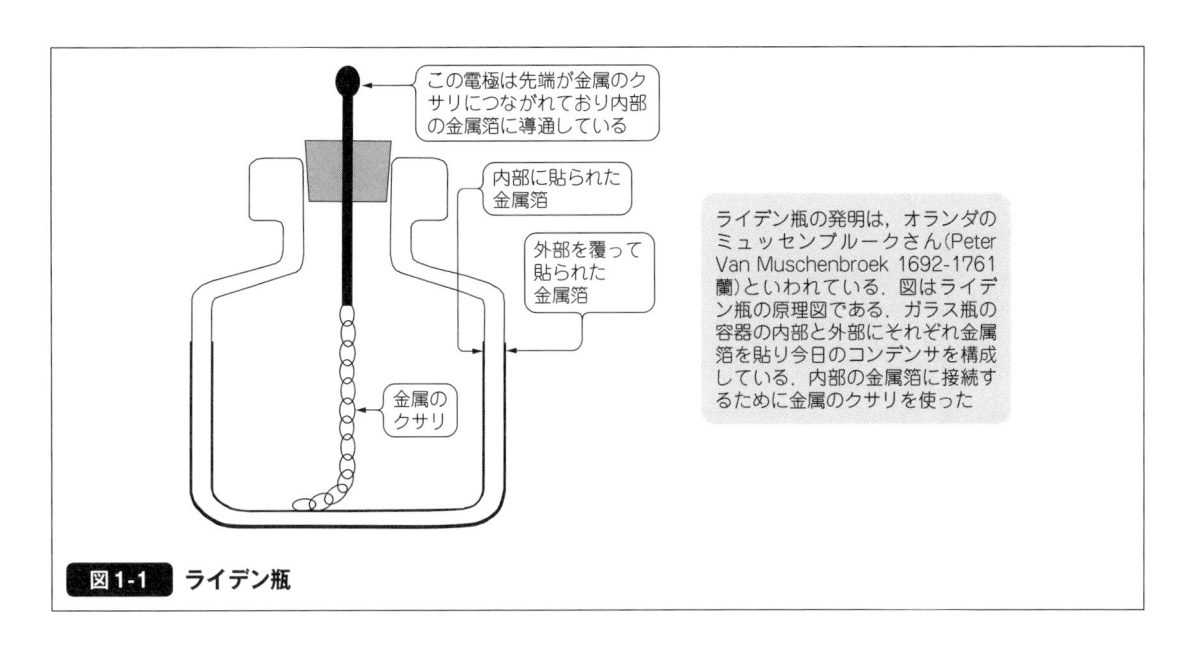

この電極は先端が金属のクサリにつながれており内部の金属箔に導通している

内部に貼られた金属箔

外部を覆って貼られた金属箔

金属のクサリ

ライデン瓶の発明は，オランダのミュッセンブルークさん（Peter Van Muschenbroek 1692-1761 蘭）といわれている．図はライデン瓶の原理図である．ガラス瓶の容器の内部と外部にそれぞれ金属箔を貼り今日のコンデンサを構成している．内部の金属箔に接続するために金属のクサリを使った

図1-1 ライデン瓶

⑥ 交流の研究はコンデンサの分野にも及び，いままで静電気を蓄えるだけの器だったコンデンサは，交流に対しては電流を流すものへと変身したのです．

本来直流は流さないコンデンサの空間が，交流を流すことから，たいへんな理論を打ち立てた人がいます．それはマクスウェルさん（James C. Maxwell 1831-1879 英）で，数学的に考えを進め，ついに電磁波の存在を予言するに至ったのです．

この予言はその後いろいろな人から実証され，今日の電波の世界に発展しています．

以上が2000有余年の電気の歴史から，ポイントだけを抽出して走り抜けたダイジェストです．これからいくつか補足します．

1-2 摩擦電気はなぜおこるのか

プラスチックの棒を布でこすって頭に近づけると髪の毛が逆立つことを経験したことがあると思います．まさにターレスさんはこの現象をとらえて学説を唱えたわけですが，これは，摩擦された物が電気の性質を帯びる（＝帯電）ことによって起こっているのです．では帯電の正体を考えてみましょう．

世の中の物すべてを顕微鏡でも見るように細かく追及していくと，物理学や化学でいう分子や原子の世界に入り込み，その中に電子が存在するという説明にたどり着きます．このことは科学の世界では常識ですから，すなおに信じることにしましょう．

さて二つの物体をこすり合わせると，一方に含まれる電子が相手のほうに乗り移ったり相手のほうから乗り移ってきたりして，こする前の状態に対して電子が増えたり減ったりします．たとえば，ガラス棒を絹の布でこすると，絹のほうに電子が増え，ガラス棒のほうは電子が減ってきます．電子はマイナスの電気を持っているので，絹はマイナスの電気の性質を帯びて「マイナスに帯電」します．ガラス棒のほうは電子が減るのですが，いちいちマイナスの性質が減るというのはわずらわしいので，「プラスに帯電」したと表現します．

こすり合わせるとそれぞれプラスとマイナスに帯電したものに分かれますが，はじめは帯電してなかったのですから，プラスの電気とマイナスの電気の量は同じです．

ちなみに何と何をこすり合わせると，どちらがプラスでどちらがマイナスに帯電するのかを**表1-1**に示します．

余談ですが，ターレスさんが発見したときの材料はコハクと呼ばれる樹脂の化石で，ギリシャ名が「エレクトロン」でした．私たちは電子のことをエレクトロンと呼びますが，ここにルーツがあったようです．

毛皮	水晶	ガラス	雲母	木綿	紙	絹	木材	コハク	樹脂	金属	硫黄

(＋) ←――――――― 相互にこすり合わせた場合の正負の順序 ―――――――→ (－)

- たとえばガラスを紙でこするとガラスが(＋)に，紙が(－)に帯電する
- 序列の差の大きいものほど帯電の度合いは大きくなる
- この「系列」は研究機関によって若干順序が入れ替わるものもある

参考文献：「電磁気学」（電気学会），「上級ハムになる本」（CQ出版社）など

表1-1 摩擦電気系列

1-3　帯電したものの性質

　帯電した物体には独特な性質が現れます．たとえばプラスとプラス，マイナスとマイナスのように同種の電気に帯電した物体には反発して遠ざけ合う力が働き，プラスとマイナスのように異種の電気に帯電した物体には引き合う力が働きます．

　異種の電気は，引き合った結果合体すると，それぞれの電気が一体となって中和し電気を失いますが，ただなくなるのではなく，電子が中和を目指して移動することで，電流が流れます．電流は，もちろん電線の中も流れますが，雷を考えればわかるように想像を絶するような大電流が空間でも流れるのです．

1-4　電気を蓄える

　帯電した物体から電気が消滅してしまわないよう，蓄えようとする研究がなされ，先述のように，ライデン瓶が発明されました．ライデン瓶はコンデンサそのものです．

　フランクリンさん（Benjamin Franklin 1706-1790 米）はライデン瓶を用意して凧を上げ，雷の電気を蓄える実験をしました．また避雷針を発明したことでも知られています．

　コンデンサは電気を蓄えるので「蓄電器」と呼ばれています．似た言葉に「蓄電池」がありますが蓄電器は電気を一時的に蓄える「器」であるのに対し，蓄電池は電気が湧いて出る「池」です（両者は英語でそれぞれCapacitorとBatteryですから，まるで似ていない言葉）．

1-5　電圧

　電池をつないで「蓄電」されたコンデンサの端子には，蓄えた証しとして電気が顔をのぞかせています．のぞいている電気の物理量は「電圧」です．もちろん電池の端子には電圧が現れています．物理量という言葉については**Column A**を参照してください．

　電圧が存在するところに抵抗をつなげば電流が流れます．電圧はテスタの電圧計モードで測定でき，単位はボルト（＝V）です．

　コンデンサの電圧をテスタで測定するとテスタの内部抵抗によって放電が進み，最後は空っぽになることは理解できますよね．

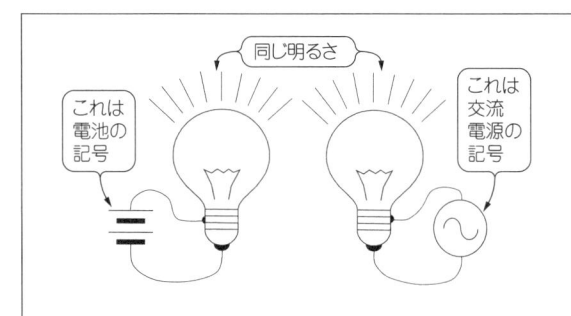

　同じ定格の電球を2個用意し，一方を直流で，もう一方を交流で点灯したとする．たとえば直流の5Vで点灯した電球と，交流で点灯した電球の明るさが同じであれば，その交流の実効値は5Vであるとする．交流は一定周期でプラスとマイナスとが入れ替わるので，瞬間瞬間を見た電圧（＝瞬時値）は最大値とゼロとの間を行き来するが電力に換算して等しい直流の電圧を「実効値」とするのである．ちなみにきれいな波形の交流（＝正弦波交流）の実効値は，最大値の0.71倍に相当する

図1-2　交流の実効値とはどのようなものか

電力 1-7

電圧は，「滝の落差」のように，その電気がもつ能力（ポテンシャル）を表す物理量です．

交流の場合はちょっと複雑ですが，同じ電力効果が得られるような直流値で電圧値が定められます．これを実効値といいます．わかりやすくいうと，直流の5Vで点灯したランプと同じ明るさが得られる交流の実効電圧を5Vというのです．**図1-2**を参照してください．

1-6 電流

電気が移動することを「電流」といいます．

電流の単位は「アンペア（A）」です．一方，別の機会でも触れますが，コンデンサに蓄えられる電気量の単位は，「クーロン（c）」です．そして両者の間には，

クーロン（c）＝ アンペア（A）×秒（s） といったひじょうに密接な関係があります．

たとえば自動車用の鉛蓄電池の容量は24Ahなどと表記されています．

Aはアンペア，hは時（＝hour）で，「秒」と「時」との違いはありますが，物理的にはアンペア・秒であるクーロンと同次元であることに気がつくでしょう．

すなわち電池の容量は，コンデンサに蓄えられた電気量と同じ次元なのです．

電池にはいろいろな種類がありますが，次章にゆずります．

電流は「水流」と同じように，流れている電気の勢いを表す物理量です．

通常電流は電線の中を流れると思われています．電線は物質の中を自由に動き回れる「自由電子」のため，電流が流れやすい構造になっているのは事実ですが，雷に代表されるように，電線がなくても，ピカッと光り，ゴロゴロと鳴って電流が空間を流れることもあるのです．常識の中に入れておいてください．

1-7 電力

電圧，電流と来たら次は「電力」でしょう．

皆さんはすでに「電圧（V）×電流（A）＝電力（W）」という公式を知っていると思います．

言うまでもなくVはボルト，Aはアンペアでwはワットです．この式の意味は，ある電圧の電源から継続的に電流が流れ続けたら，そのワットで示される値の電力消費が発生するという意味です．

電力とは何でしょうか．前節や前々節で触れたような次元で考えると，「仕事率」というものも同じ次元の物理量であることに行きあたります．仕事率も単位はワットで，単位時間あたりの仕事をいいます．その仕事率に時間をかけると仕事すなわち「成し遂げた成果」が算出されます．電力（ワット）もこれに時間（時）をかけるとその電圧，電流が成し遂げた成果が算出されます．

身近な例でいいますと，私たちが月々電力会社に支払う「電気代」はこの成果（ワット・時）に対して支払っているのです．これを「電力量」と呼んでいます．

もう一つ身近な例をいいますと，どちらも12V用の電球があるとします．一つは50W，もう一つは25Wとし，同時に点灯させると50Wのほうが明るいのは当然ですが，50Wのほうを1時間，25Wのほうを2時間点灯させると電力の使用量（電力量）は同じです．

電力というのはこのような性格のものです．

次の1-8節で交流について触れますが，交流では位相を考慮した特別な電力の呼び方があります．電

圧が12V，電流が5Aであるとき，掛け算の結果，60VAというものです．

しかし，ハムのビギナーの日常生活上あまり気にしなくてもよろしいのではないかと，掘り下げないことにします．この場合60Wでとおしましょう．

1-8 直流と交流

電気には，流れる方向が変わらない「直流」と，電線の中を右に行ったり左に行ったりする「交流」があります．「交流」はもともと「向きと大きさが周期的に変化し，その平均値がゼロになるような電圧（電流）をいう」と定義されていますが，単純に向きが交互に入れ替わる電圧（電流）も（直流に対して）交流と呼んで差し支えないでしょう．

直流の発生は電池が代表的ですが，交流を整流回路によって整流する方法があります．大規模のものは直流の発電機があります．

交流は，家庭用電源の50Hzや60Hzの場合は大型の発電機で発生させますが，電子機器では通常発振器で発生させます．

交流の毎秒あたりの振動数は周波数と呼ばれ，単位はヘルツ（Hz）です．この単位は電磁波の研究に功績のあったヘルツさん（Heinrich Rudolf Hertz 1857-1894 独）の名前をとったものです．周波数は，呼び名や略称が電波法でも定められているので，**表1-2**に整理しました．

周波数の呼び方には，Hzの前にキロ（k）とかメガ（M）などという接頭語が付きます．**表1-3**に整理したので，これも知っておいてください．

この接頭語は周波数だけのものではありません．電力（W），長さ（m），静電容量（F）等々あらゆる物理量の単位にかぶせて使われるので重要です．

また，これで接頭語すべてをカバーしているわけでもありません．ふだん使わないものはリストから外してあります．

通称	略称	周波数	波長略称
サブミリ波		300G～3T	デシミリメートル波
ミリ波	EHF	30G～300G	ミリメートル波
マイクロ波	SHF	3G～30G	センチメートル波
極超短波	UHF	300M～3G	デシメートル波
超短波	VHF	30M～300M	メートル波
短波	HF	3M～30M	デカメートル波
中波	MF	300k～3M	ヘクトメートル波
長波	LF	30k～300k	キロメートル波
超長波	VLF	3k～30k	ミリアメートル波

- 主として電波の分類であるが増幅器の周波数帯と密接な関係があるので，覚えるようにしたい
- 周波数の単位であるHzは省略した
- 電波法施行規則第4条の3に記載されている

表1-2 周波数の呼び名

乗じる倍数		読み方	記号
1 000 000 000 000	10^{12}	テラ	T
1 000 000 000	10^{9}	ギガ	G
1 000 000	10^{6}	メガ	M
1 000	10^{3}	キロ	k
100	10^{2}	ヘクト	h
10	10	デカ	da
0.1	10^{-1}	デシ	d
0.01	10^{-2}	センチ	c
0.001	10^{-3}	ミリ	m
0.000 001	10^{-6}	マイクロ	μ
0.000 000 001	10^{-9}	ナノ	n
0.000 000 000 001	10^{-12}	ピコ	p

- 周波数の接頭語はキロ以上に限られているが，今後の利用も考えて一般的な接頭語をひととおり用意した
- テラより大きいもの，ピコより小さいものもあるが主要なものに限った

表1-3 接頭語

これらの周波数よりもはるかに低い周波数帯である「音声」も電気信号に変えられて増幅されますが，この信号も，直流ではないので，一種の交流といえます．楽器の「ラ」の音のように，440Hzとか880Hzといった単純な信号もありますが，音声信号の多くはいろいろな周波数が入れ替わり立ち替わり現れる複雑な交流です．しかし，おおよその周波数帯域は特定できるので回路で困るようなことはありません．

1-9　デシベル (dB)

　物理量にはそれぞれに単位があります(**Column A**などを参照してください)．たとえば長さという物理量にはメートル(m)という単位があります．キロ(k)とかミリ(m)は単位ではなく接頭語です．念のため．

　電気の物理量たとえば電流にはアンペア(A)という単位が，またコンデンサの静電容量にはファラッド(F)という単位があります．このような単位については，各章の中で必要に応じて解説していきますが，どの単位も電磁気の研究に功績のあった人の名前が使われています．たとえばアンペアにはアンペール(André Marie Ampére 1775-1836/仏)さんの，ファラッドにはファラデー(Michael Faraday 1791-1867/英)さんの名前がそれぞれ残されています．

　ところが数多い電気の単位の中に一つだけ異端児がいます．ベル(Alexander Graham Bell 1847-1922/米)さんの名前を記念したデシベル(dB)です．dBは電流，電圧，電力，増幅度等々ひじょうに多くの場面で顔を出してくるので，この章でまとめて扱っておかなければ解説する機会を失ってしまうのでページを割くことにします．

Column A 「物理量」と「次元」

　長さや重さ，時間といった「はかり」や「測定器」で大きさを測れるものを「物理量」と呼んでいます．体重は体重計で測れる重さという物理量ですし，時間は時計で計測できる物理量です．物理量には「kg」とか「秒」といったその物理量に適した「単位」があります．

　電気の世界にも物理量がたくさんあります．たとえば「電圧」も「電流」も物理量の一つです．電圧は電圧計でボルト[V]という大きさが測れ，電流は電流計でアンペア[A]という大きさが測れます．

　2倍とか30個というときの倍とか個は単位とはいえず，物理量とはいいません．

　なぜ重さ，時間や電圧という言葉がありながらわざわざ物理量という言葉で考える必要があるのでしょうか．その理由は「物理量」の性質を表す「次元」にあります．

　物理量が同じなのに呼び名が異なっていて異種の物理量と思われがちなものがありますが，親戚か他人かを判断するのに，物理量の次元で考えると明解に判断できるからです．次元は物理量のDNAのようなものです．もう少し掘り下げてみましょう．

　マラソンで走る距離42.195kmは長さという物理量で単位はメートル，次元は[m]と表現します．0.5mmというシャープペンシルの芯の太さも長さという物理量で単位はメートル，次元はおなじ[m]です．両者はk(キロ)とm(ミリ)のちがいはあってもm(メートル)という単位は同じで，同じDNAすなわち同族(「長さ族」)ということができます．

　1-6「電流」のところで示したように，コンデンサに蓄えられる電気量(クーロン)と自動車のバッテリの容量(アンペア・時)とが同じ次元であることには驚かされます．

　電気の世界には，電圧，電流，抵抗，インピーダンス，静電容量，等々30個以上の物理量がそろっていますが，それぞれの関係がどのようになっているかを知りたければ，まずその物理量の次元を調べることです．

　次元について解説した参考書(CQ出版社，トランジスタ技術SPECIAL No.86「初心者のための電子工学入門」など)もありますので，勉強することをお勧めします．

このデシベル（dB）が異端児とよばれるには理由があります．

その1は，ベル（B）という単位でよさそうなのに必ずデシ（d）という接頭語が付くことです．

1955年発行の参考書に，信号の伝送量を表す単位に，デシベル（dB）とネーパ（Np）があり，10デシベル（dB）はまれに1ベル（B）と呼ばれることがあったという記述を見つけましたが，現在では決まってデシ（d）付きです．

その2は，電圧，電流，電力の大きさを表す単位であるほか，音の強さ，音圧のレベルなどを表す単位でもあるのです．どの単位を表しているのかはdBmとかdBWのように添え字をつけて区別しています．

その3は，何倍かを表す数値であって単位とは呼べない使い方があることです．

本書の「はじめに」に，ビギナー相手だから数式は極力使わないことにした，と書きましたが，デシベルを説明するときには最低限次に示す式は使ったほうがわかりやすいと思います．高校レベルの知識で理解できるでしょう．

デシベルは電圧や電流に使用する場合と電力に使用する場合とで定義が異なり，それぞれ $20\log_{10}A$，および $10\log_{10}A$ です．

たとえば $A=2$ のときは，前者は6dB，後者は3dBです．ややこしいですねえ．とても複雑なので**表1-4**にまとめました．この表はメーカーなどの現役技術者にも参考になるので保存版として活用することをお勧めします．

さて「log」の求め方ですが，技術計算用の電卓を使えば即座に計算できます（昔は「対数表」という数表が一冊の本になっていました）．

エクセルでも，例えば「 $=\log_{10}(3)$ 」と入力してENTERキーを押せば3のlog値0.477121が得られます．この例でもわかるように3のlogは約0.5ですから電圧比はその20倍の10dBということになります．

分野	対象	各種デシベル	基準値	備考
電気	増幅度，減衰量の比	電圧，電流の場合　$20\log(V_2/V_1)$（＊1）		物理量の単位ではない
		電力の場合　$10\log(P_2/P_1)$（＊1）		
	電圧，電流，電力の大きさ	dB_m，dB（mW）	1mW=0dB（mW）　50Ω系	物理量の単位としてこのように多くのデシベルが存在する
		dB_w，dB（W）	1W=0dB（W）	
		dB_f，dB（fW）	1fW=0dB（fW）（＊2）	
		dB_V，dB（V）	1V=0db（V）	
		$dB\mu$，dB（μV）	1μV=0dB（μV）	
		dB_m（＊3）	0.775V=0dBm　600Ω系	
音	音の強さのレベル	dB　$10\log(I/I_0)$	$I_0=10^{-12}$W/m²	
	音圧のレベル	dB　$20\log(P/P_0)$	$P_0=2\times10^{-5}$Pa（＊4）	
	騒音レベル	フォン（＊5）		

＊1　「比」であるから基準値はない．備考に述べたようにこのデシベルは物理量の単位ではない
＊2　あまり使われないが「f」はピコよりさらに 10^3 小さい接頭語でフェムトと読む．10^{-15} のこと
＊3　600Ω，1mWの電圧0.775Vを0dBとする系列で，往時のレベル・メータはこの採用が多い．また音量の測定に使用されるVU計（VU=Volume Unit）は，この+4dB（=1.228V）を加えたとき，指針が全体の70%をさすようにして，これを0VUとしている
＊4　Paは圧力を示す「パスカル」のこと
＊5　1,000Hzの純音の音圧レベルと同じ大きさに聞こえる音をdBと同じ数字で表した単位を「フォン」という

表1-4 いろいろなデシベル

1-9 デシベル（dB）

同様に電圧比2のデシベル値は6dBです（$\log_2 = 0.3010$）．電圧比が10倍，100倍，……，100,000,000倍であるとき，これをデシベルで表現すれば20dB，40dB，……，160dBとなります．これを見てわかるように，電圧比では8桁の違いがあるので（デシベルに変換してなかったら）電圧比の軸は半対数のグラフ用紙を用意しなければなりませんが，デシベル表記にすると圧縮されて，20から160という直線目盛のグラフ用紙に書き込めることになります．実はデシベルで表現するメリットがここにあったのです．

ここでデシベルによる簡易計算（暗算）のコツをお教えしましょう．

Aが2，3のとき$20\log A$の値はそれぞれ6dB，10dBであることは先述のとおりです．

これは覚えておくことにしましょう．ではAが4，5，6，8，9のときの$20\log A$は？

2倍が6dBだから4は2の2倍で6dB＋6dB＝12dB，

5倍は10倍（20dB）の半分（－6dB）だから20dB－6dB＝14dB，

6倍は2倍（6dB）の3（10dB）倍だから6dB＋10dB＝16dB，

8倍は2倍（6dB）の2倍（6dB）の2倍（6dB）だから6dB＋6dB＋6dB＝18dB，

9倍は3倍（10dB）の3倍（10dB）だから10dB＋10dB＝20dB，

となります．ただしこの方法は暗算による簡易概略計算として覚えてください．

10倍は$20\log 10$ですから正確に20dBですが，上記の暗算では9倍も20dBになっています．

7倍は17dBです．これは技術計算用の電卓で計算しました．

最近は，技術計算用の電卓を持っていなくてもパソコンは持っているという人が多いと思われます．

パソコンでdBを計算するときには先述のようにエクセルを使います．たとえばA1を空欄にしておき，B1の欄に「＝20＊log（A1）」と入力しておけば，A1に7と入れることによってB1に17が出力されます．

計算の桁数は，B1の欄を右クリックし「セルの書式設定」を操作して自在に決められます．

Column B 「交流が使われる理由」と「送電線が高圧な理由」

電線は太さによって流せる電流の大きさ（アンペア）が制限されます．たとえば延長コードには，電線やプラグに使用可能なアンペア数が表記されています．

「7A 125V」と表記された延長コードで1000Wのアイロンを使用すると熱くなり危険です．1000Wというのは100V×10Aですから，7Aの電線では能力に無理があるのです．このように，電線は太くなければ大電流は流せません．

さて家庭では，使用する最大アンペア数を電力会社との間で契約していますが，各家庭に十分な電力を供給するためには，何戸かまとまったグループごとに，その電流に耐える電線を使用する必要があります．それらのグループが町や市のスケールでまとまると，さらに大きな電流値に耐える電線を使わなければなりません．発電所から電気をどうやって送ればよいのでしょうか．ここで交流の最大の特長が生きてきます．

コイルに電流を流すと隣接した別のコイルに電圧が発生します．もとのコイルを一次コイル，隣接した別の二次コイルが一次コイルのn倍巻かれていたものとすると，二次コイルに発生する電圧は加えた電圧のn倍になります．その代わり，一次コイルに流れ込む電流に対して，二次コイルから取り出せる電流は$\frac{1}{n}$倍になるのです．これは変圧器の基本的な性質です．つまり電圧を高くすれば，少ない電流で同じ電力を送れるのです．

発電所から送られる送電線の電圧には数10万V～100万Vの電圧が使われています．家庭に入る電圧を100Vとすると数千倍～1万倍の電圧ですから，家庭に入る電流は，送電線の段階では，数千分の一～1万分の一あればよいという計算になります．

電圧を高くすると，それを送る設備機材は高度な技術を要する高価なものにはなるのですが，何よりも少ない電流で送電できるというメリットは大きいものがあります．

家庭用の電源に交流が使われる理由は，電圧を変圧器で自由に高くしたり低くしたりできることにあり，そして送電線が高圧である理由は，その電圧に見合った少ない電流で送電できることにあるのです．

Column C　生物と電気（両分野のプロになりましょう）

このコラムは単なる昔話と思わないでください．筆者からの提案があります．

さて筆者にとってひじょうに懐かしい書物があります．この書物は中学生時代の筆者に電気への関心をそそらせた記念すべき一冊です．

昭和25年1月発行の「生物の電気はどう研究するか」（コロナ社）という本で，阪本捷房，有元石太郎両先生の共著です．「定價70円」とあります．なぜか定価の「価」の字が「價」であるのに対し「圓」と予想される字が当用漢字の「円」になっています．

それはさておき，この書は発行から60年余を経た今でも生物と電気との関係を適格に問題提起してくれているところに新鮮味があります．

内容は目次を一瞥すればわかるでしょうから，まず目次を紹介します．

1. あなたの体から電気が出るか
2. 電気を出す動物があるか
3. 電気を出す植物があるか
4. 生物の発電はどう研究されてきたか
5. 静的の生物発電とはどんなことか
6. 動的の生物発電とはどんなことか
7. 心臓から電気を出すか
8. 脳から電気を出すか
9. 生物はなぜどのようにして発電するか
10. 人間の体の発電と感電
11. 電気を人体に通したらどうなるか
12. 電気と病気
13. 電気の面白い利用
14. 産業と生物と電気

どうです？　いま書店に並んでいても新鮮なテーマばかりではありませんか．

これらのテーマは，本書であつかう電子回路とは異質のものです．それは電気というものを生物の分野で取り上げているからですが，電気を分子や原子のレベルで考えるときには生物の事例を紹介するのがわかりやすいからだと思われます．

内容をかいつまんで紹介してみましょう．

「電気を出す動物」としては「電気ウナギ」，「シビレエイ」，「シビレナマズ」などの発電メカニズムや電圧などが紹介されています．

「電気を出す植物」では人参が事例として紹介されています．感度の良い電流計の端子をいろいろなつなぎ方をして観察したものです．切り口のあるヘチマも電位差があるようです．オジギソウなどの事例もあり面白い実験が続きます．

「静的の生物発電」では蛙の腱から発電される様が紹介されています．

「心臓からの電気」は今日では心電図としてよく知られているものですが，かなり詳細に説明されています．

「脳からの電気」ではウソ発見器が事例に取り上げられています．また安静時の脳電流（脳波）についても言及されています．

「生物はなぜどのようにして発電するか」のところではいろいろな学説を紹介しています．

「電気を人体に通したらどうなるか」のところでは「電気死刑」の方法まで説明してありますが，事実かどうかはわかりません．

「電気と病気」のところでは医者の指導の下で，浴槽に電気を流しておき人体に刺激を与える治療が紹介されています．少し怖いですね．ほかにも有名な治療が説明されています．

「電気の面白い利用」では，なんと，電気豚殺器や電気椅子など物騒な装置が紹介され，「感電手袋」と称して他人を感電させるグッズまで紹介されています．あまり面白いとは思いませんが．

目次にしたがってどんなことが書いてあるのかを紹介しましたが，当時の定説を垣間見ることができてとても楽しいものです．しかし，当時このように生物と電気とを結び付けて解説した本はひじょうに少なかったことを思い出すとともに，いままで生物と電気とを結び付けて解説する本を書いても，内容に格段の進歩が盛り込めるのか心配になります．

もちろん医学的な装置は素晴らしい発展を遂げていると思います．また電気と生体との相互のメカニズムの解明については，限られた学問の世界では研究が進んでいると思いますが，「生物＋電気」という相互乗り入れ分野では志のある学生も少なく，書店でも関心をひきにくいコーナーにしょんぼりおかれる運命になるのだろうと寂しい想いです（もともと物理屋は生物が嫌いだし，生物屋は物理が嫌いなんですよね）．

筆者は2004年に「生体と電磁波」という題名の書籍をCQ出版社から発行しました．この書の執筆の動機は急激に広がる携帯電話の電磁波が人体に及ぼす影響に警鐘を鳴らそうとしたもので，電磁気の基礎的な知識とともに電気を応用した医用機器の紹介や，機器近傍の電磁波の測り方や心臓ペースメーカーなどへの影響について述べたものです．

執筆にあたっては病院の技師などのアドバイスもいただきましたが，人体（生体）と電気との関係を説くには，生物学と電気物理学の両方に精通していなければうまくいかないことを痛感しました．つまり電気屋が生物の電気を説くには限界があります．

しかし「生物＋電気」という複合分野は今後ますます必要とされる分野と思われます．

その本のあとがきにも述べましたが，「生物＋電気」という相互乗り入れ分野を志す学生が一人でも多く誕生することを期待するものです．

第2章
電源を考える

　回路図が読めるエンジニアになるためには部品の働きを理解することが必須ですが，どの部品にも共通にかかわる「電源」からおさらいすることにします．

　電源は，いつも電子回路図の片隅に置かれるか，端子の姿で代表させられて，ひっそりと「裏方」を務めており，決して主役には見えませんが，回路が動作するためにはなくてはならないライフラインです．

　電池と交流を整流して得られる電源回路とが対象になりますが，どちらも種類が多く，理解したうえで活用するにはそれなりに向き合って勉強する必要があります．この章では「電源を語れる人」になっていただきます．章の終わりに，手軽に作れて今後の「作れるハム」のアシスタントになれる電源装置も紹介しておきました．

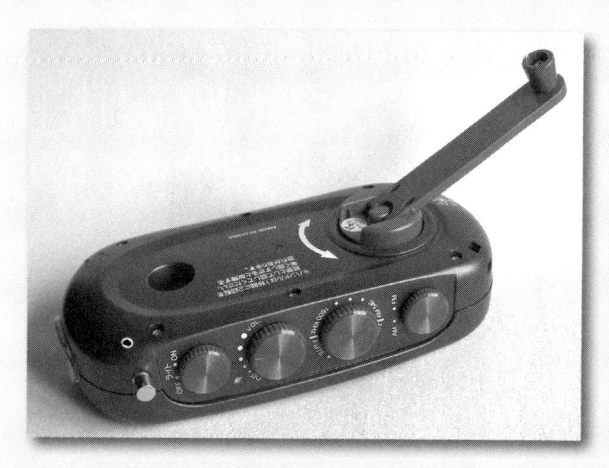

災害への備えとエコロジーの両面から生まれた「手回し発電式ラジオ＆ランプ」です．画面左端にLEDライトがあり，ラジオはAM/FMで外部電源ジャックも備えています．携帯電話への充電用出力ジャックも装備されています．
原子力発電が議論されるなか，風力や潮力といった代替エネルギーの実用化が進められていますが，身近なポータブル級の電源も工夫のまっただ中です．
手回し発電機は比較的簡単に自作できるテーマです．
放送局に近いところの人はぜひ受信電波を整流して電源を作りましょう．

2-1　電源は何をするところか

　身近な電子機器として増幅器を考えてみます．増幅についてはまだ解説していませんが，理屈は抜きにして身のまわりにあるCDアンプのような普通の増幅器を気軽に考えます．

　増幅器に入力電力が加えられると，増幅されて入力よりも大きな出力電力を取り出すことができることになっています．出力が入力の何倍であるかを表す言葉を「増幅度」と呼ぶこともよく知られています．

　では，小さな入力が大きな出力に変身するのはなぜでしょうか．「打ち出の小づち」でもないのに，そんなマジックがあればほしいものです．

　実はその裏方さんは電源なのです．図2-1にそのからくりを示します．これからもわかるように，増幅器の出力は電源の電力より大きなものは出せないのです．それだけでなく，増幅器からはポワーッと熱がでます．ときには「チー」とか「ブーン」という音も出ます．その熱や音のエネルギーも増幅器の出力の一部なので，本当にほしい信号出力は差し引かれて出力されます．

　鉱石ラジオが電源を持たないのに音が聞こえるのは，電波のエネルギーをもらって電源にしているからです．当然のことですがエネルギーの弱い遠い放送局を受信したときは音も小さくなります．電灯線や電池だけではなく電波という電源があることもお忘れなく．

　ついでにひとこと．図2-1のパターンはトランジスタの増幅のメカニズムとそっくり同じであることも覚えておきましょう．

2-2　電池の種類とひとくち知識

　電子機器で必要な電源は直流です．家庭用の交流から整流して得る電源もありますが，まず頭に浮かぶのは電池でしょう．ここでは電池をザーッと眺めることにします．

　電池のルーツは発明者ボルタさんの功績にさかのぼります．電池の基本は，電気を流す溶液（電解液）に異なった2種類の金属を入れると，両金属間に電圧が発生し電池の機能が生まれるというものです．表2-1に示した一次電池や二次電池はこの原理にしたがったものです．以下にこれらの電池のひとくち解説を展開します．

増幅器への入力は信号入力P_Iと電源の電力P_Pであり，増幅器からの出力P_Oは増幅された信号の電力である．増幅器に入るエネルギーと出ていくエネルギーは等しい．すなわち，

$$P_P + P_I = P_O$$

増幅器からの出力の大部分は図に示すとおり電源からのエネルギーで作られている．これが電源の役割．電源から出力までのルートを水道管にたとえると，管の途中にある蛇口を入力君が自分の姿に合わせてコントロールしているにすぎない

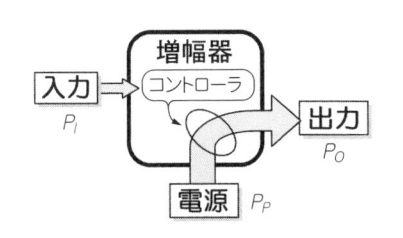

図2-1 増幅で電源が果たす役割

電池の種類とひとくち知識　2-2

　乾電池は，電解液を固体にしみこませて扱いやすくした電池で，事例はマンガン乾電池とアルカリ乾電池です．どちらも二酸化マンガンを使用し，サイズも同じですが，アルカリ乾電池のほうには水酸化カリウムなどの強アルカリ溶液が利用されており，性能は異なります．古くから使われているマンガン乾電池は公称電圧が1.5Vとなっていますが，使うにしたがって電圧は低下し，休ませるとある程度回復します．アルカリ乾電池のほうは比較的安定した電圧を保ちます．

　今日（こんにち）ではアルカリ乾電池が主流を占めており，マンガン乾電池よりも長寿命で，デジタル・カメラやヘッドホン・ステレオなど安定な動作が要求される機器に多用されています．

　ボタン電池は亜鉛と酸化水銀を使用した水銀電池が元祖ですが，環境汚染の問題もあり，改良型の酸化銀電池に移行しました．酸化銀電池は亜鉛と酸化銀を使用したもので，やや高価ですが電圧特性が非常に安定しているので，露出計とか水晶時計など精密機器に多用されています．寿命がくるとストンと電圧がなくなります．

　二酸化マンガンを使ったアルカリ・ボタン電池は酸化銀電池の廉価版の位置づけにあります．

　空気（亜鉛）電池はプラス極に空気中の酸素を使うので，マイナス極に亜鉛を多く詰め込めます．そのためほかのボタン電池よりも大きな電力容量を持っており，比較的長く使用できるので，連続して使う補聴器などに向いています．

　リチウム電池は3Vの電圧を有し，軽くて自己放電しないなどの特徴があってパソコン，電子機器のメモリ保持や車のキー・レス・エントリーの電源などに使われます．また体内に埋め込まれる心臓ペース・メーカーの電源にも使われます．

　小形二次電池の元祖はニッケルカドミウム電池です．プラス極にニッケル酸化物，マイナス極にカドミウムを使用し，充放電を繰り返して使用できます．電圧は1.2Vで，アルカリ乾電池と同じサイズです．これはニッケル水素電池も同様で，どちらもコードレス電話や電動工具などに使われます．

　ニッケル水素電池のマイナス極はカドミウムではなく，水素吸蔵合金という特殊な金属を使用しています．ニッケルカドミウム電池の約2倍の電力を持っており，中型のものは電動アシスト自転車などに

大分類		通常使用される電池名称	記号	公称電圧[V]
一次電池（充電できない使い切り電池）	乾電池	マンガン乾電池	なし	1.5
		アルカリ乾電池	L	1.5
	ボタン電池	酸化銀電池	S	1.6
		アルカリ・ボタン電池	L	1.5
		空気（亜鉛）電池	P	1.4
	（二酸化マンガン）リチウム電池		C	3.0
二次電池（充電して何度も使える電池）	小形二次電池	ニッケルカドミウム電池	K	1.2
		ニッケル水素電池	H	1.2
		リチウムイオン電池	IC	3.7
	鉛蓄電池	−	PB	2.0
そのほかの電池	燃料電池	−		
	太陽電池	−		

電池の記号の読み方　| イ | ロ | ハ | ニ |
　　イ：積層（直列）の数字．積層してないものは数字がない
　　ロ：上表の記号．たとえば酸化銀電池はS，リチウム電池はC
　　ハ：形状を表す記号．円筒，ボタン形，コイン形はR，角形，平形はF
　　ニ：寸法を表す数字．複数ケタがある

表2-1． 電池の種類

も使われます．

　ニッケルカドミウム電池には放電しきっていない状態で充電を繰り返すと電池の容量が減ってきて使えなくなるという「メモリ効果」があります．ニッケル水素電池にもニッケルカドミウム電池ほどではありませんがメモリ効果があります．ニッケル水素電池ではメモリ効果が少ないことをPRして商品競争が過熱しています．

　リチウムイオン電池は3.7Vで，ビデオ・カメラやデジタル・カメラなど多くのモバイル機器に使われています．現状では性能的に最先端を行く電池です．この電池にはメモリ効果がないのも特徴です．

　鉛蓄電池は古くから使われている蓄電池の代表格で，プラス極に酸化鉛，マイナス極に鉛を使用し，硫酸溶液に浸しています．単電池の電圧は2Vですが直列に接続して自動車用などとして広く使われています．

　燃料電池は水素と酸素を反応させて電気エネルギーを作る発電装置です．また太陽電池は太陽の光のエネルギーを電気エネルギーに変換する半導体の装置です．

2-3　一次電池は充電してもよいか

　基本的にダメです．通常充電すると内部にガスが発生します．二次電池はガスを吸収する構造になっていますが，一次電池にはガスの逃げ場がなく，液漏れしたり破裂したりする危険があります．乾電池用充電器というものが販売されていますが，電池工業会では使用を禁止する立場です．販売されているから大丈夫と考えるのは間違いです．

　ある条件を守って充電すれば6回程度は使える，というチャレンジャブルな論文も発表されています（CQ ham radio 2010年12月号，CQ出版社）が，基本的には電池工業会の立場をサポートしておきます．

2-4　電池の等価回路と内部抵抗

　ポータブルの電子機器や電動式おもちゃの取扱説明書には「タイプの異なる電池（たとえば単一と単三など）や新旧の電池を混用すると液漏れなど危険な状態になるので絶対にしないでください」という趣旨の注意書きがあります．この注意書きには危険の回避警告だけでなく電池というものの重要な知識

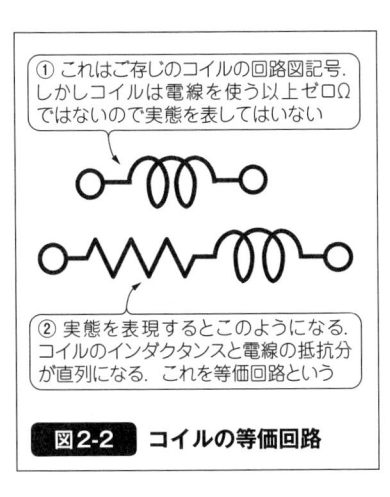

---

① これはご存じのコイルの回路図記号．しかしコイルは電線を使う以上ゼロΩではないので実態を表してはいない

② 実態を表現するとこのようになる．コイルのインダクタンスと電線の抵抗分が直列になる．これを等価回路という

図2-2　コイルの等価回路

---

①は電池に限らず一般的な直流電源を表す回路図記号．この記号を重ねて高い電圧を表現することもある．一般に横に電圧を記して使用する．
②は電池の実態を表す等価回路である．同種の電池たとえばアルカリ乾電池の電圧E[V]は単一でも単三でも同じ（異種の電池のEは同じではない）．この電池は理想電池と呼ばれ，何万Aの電流をも流す実力を持っている．電池の内部には抵抗器rに相当するものがあると考えられる．電池を分解して抵抗器が出てくるわけではない．電池の中で渾然一体となっているもので大型の電池や新しい電池のrは小さく，小型の電池や古い電池のrは大きい．等価回路のrは「内部抵抗」と呼ばれる

図2-3　電池の等価回路

2-4 電池の等価回路と内部抵抗

が含まれています．

はじめに等価回路についておさらいしますが，理解を助けるために簡単なコイルの等価回路を事例に解説しましょう．

図2-2に示すように，コイルには電線の抵抗値があるのでコイルの図記号と抵抗器の図記号を直列に描くのが実態を表しており，これを等価回路と呼んでいます．

しかし，いくら実態を表しているからといって，回路図の中で毎回コイルと抵抗器の直列記号でコイルを表現するのは現実的ではないので，回路図ではすべて**図2-2**の①の図記号によるものとし，実態は**図2-2**②の等価回路で考えます．

図2-3を見てください．**図2-3**の①は直流電源の一般的な記号です．この記号だけでは何Vかわかりませんが，プラスかマイナスの極性だけはわかります．その極性を示すためにある記号と考えてもよいでしょう．そして**図2-3**の②が電池の等価回路です．電池の等価回路に使われている電池記号は**図2-3**の①に示すような一般的な電源記号ではなく，アルカリ電池やリチウム電池など電池の種類によって電圧がビシッと決まっており，しかも何万Aでも流せる理想的な電池です．実際の電池が何万Aも流せないのは r という内部抵抗があるからです．**図2-3**に述べたように r は電池容量の大小や新しいか古いかによって異なります．

さてこの節の冒頭に述べた「タイプの異なる電池や新旧の電池を混用すると液漏れなど危険な状態になる…」理由ですが，**図2-4**を見れば一目瞭然です．小さな電池や弱った電池は内部抵抗が大きいので内部で発生する電力も大きく，アルカリ電池などの液漏れにつながってしまうというわけです．

この知識を活用すれば，電池が新鮮かどうかは電池に適当な抵抗器をつなぎ，その両端の電圧をチェックすれば判定できます．最近のテスタにはこの原理を使った電池チェッカーの機能が付いていますし，単独で電池の活きのよさを測定するチェッカーも市販されています．何もつながないで電池の開放電圧

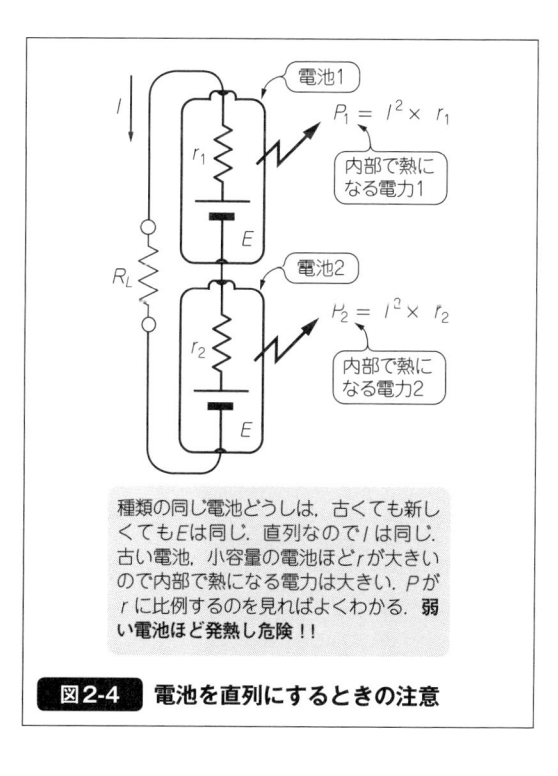

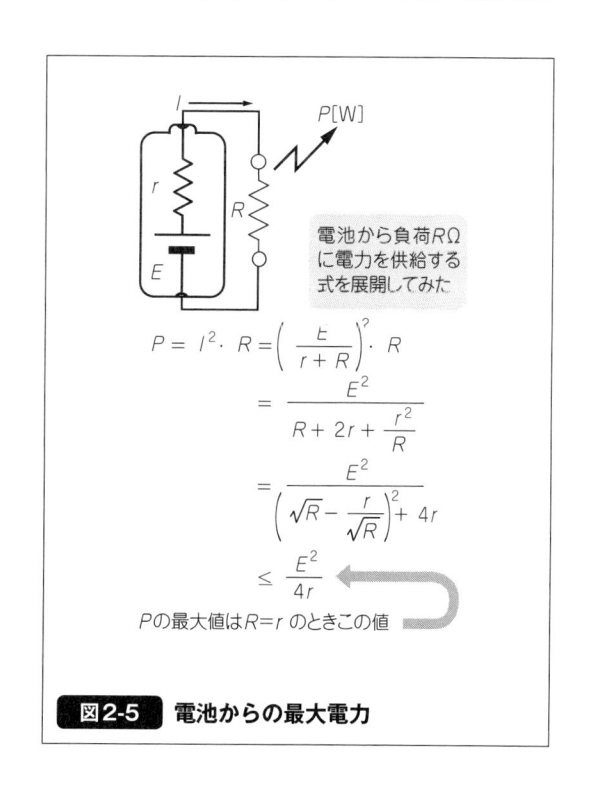

電池1
$P_1 = I^2 \times r_1$
内部で熱になる電力1

電池2
$P_2 = I^2 \times r_2$
内部で熱になる電力2

種類の同じ電池どうしは，古くても新しくても E は同じ．直列なので I は同じ．古い電池，小容量の電池ほど r が大きいので内部で熱になる電力は大きい．P が r に比例するのを見ればよくわかる．**弱い電池ほど発熱し危険！！**

図2-4 電池を直列にするときの注意

電池から負荷 $R\Omega$ に電力を供給する式を展開してみた

$$P = I^2 \cdot R = \left(\frac{E}{r+R}\right)^2 \cdot R$$

$$= \frac{E^2}{R + 2r + \frac{r^2}{R}}$$

$$= \frac{E^2}{\left(\sqrt{R} - \frac{r}{\sqrt{R}}\right)^2 + 4r}$$

$$\leq \frac{E^2}{4r}$$

P の最大値は $R = r$ のときこの値

図2-5 電池からの最大電力

できて，大きさや重さの面で相当に改善が図れます．高周波の交流を発生させるところだけ回り道の感じもありますが，トータルでははるかに合理的な電源が作れます．

後述するようにACアダプタとしての商品も市販されているので，購入するとき手に取ってみると，従来のトランス方式と比べてオヤと思うほど軽く，スイッチング電源であることがわかります．

注意してほしいのは，スイッチング電源は高い周波数を発振させて作るので音に厳しい音響機器の電源に使用すると，ものによっては雑音面で不満が残ることもあります．

なお，スイッチング電源の具体的な回路はひじょうにバリエーションに富み，自作するには部品の選択や構造の上で苦労することが多いので，ビギナーが自作する電源としては，**図2-6**のような商用電源の整流方式のほうがお勧めです．

デジタル・カメラやポータブル機器の外付け電源として多用されているものにACアダプタがあります．ACアダプタは，電子工作で回路ユニットを自作したときの供給電源としても有用です．前ページの**図2-7**にACアダプタのプラグとジャックの関係を示しますが，ややこしいのはプラグもジャックもいろいろなサイズがあること，中心のピンがプラスなのかマイナスなのかすら統一が進まないまま部品として市販されていることです．機器にACアダプタが同梱されているか，取扱説明書にACアダプタの型番が記載されている場合には必ずそれにしたがうようにしましょう．

図2-8は，ジャックを装備した機器のどこかに明記してあるACアダプタの極性表示です．プラグの形状が合致してもこの極性だけは絶対に厳守してください．

2-7　電源の製作

ここではビギナーが出会うどんな電子工作にも使える電源の製作について紹介します．

製作といっても理屈抜きの簡便さを最優先にして，材料も前節で触れたACアダプタの中古品を使うことにし，回路も手っ取り早く使える電源用のICを使って，とにかく安心して使える「しっかりした電源」に仕上げることを目標にします．ICの解説もしません．

本体の機器がダメになって捨ててしまったようなとき，付属していたACアダプタをどうしていますか．いっしょに捨てるようなことはしていませんか．もったいない！　ジャンク品のACアダプタもお店で安く手に入ることを知っていましたか．手に入りやすいACアダプタは山ほどあります．

前節でACアダプタはプラグやジャックの条件がうるさいので使うのが面倒だと思われたことでしょうが，ここではプラグの近くでバッサリと切り，はんだ付けするのでむしろ簡単です．プラスとマイナ

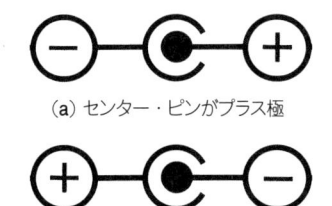

(a) センター・ピンがプラス極

(b) センター・ピンがマイナス極

ACアダプタのジャックは中心が棒状のピンになっており，これを取り囲むようにプラグの外径金属管の「受け」がある．この両極は歴史的な経緯もあり，機器によって極性が異なるので最大限の注意を払って使おう

図2-8　ACアダプタの極性

電源の製作 2-7

スの極性さえ間違えなければ接続はバッチリです．電源の構成を**図2-9**に示します．

まず電源の電圧と電流の定格から決めてかかります．この電源から電力を供給される電子回路の電流は，1A以下で十分と思われますから，数多い電源用ICの中から定番的な「5V，1A」あるいは「12V，1A」を選択します．1A以上を取りたいというときには別のICを選ぶか，ICと電力用のトランジスタを組み合わせて回路を組みなおす方法もありますが，今後の勉強課題にして，ここでは最大1Aの電源ということにします．電圧のほうは，5Vか12Vに決めてかかりましょう．

この仕様にしたがってACアダプタを選びます．最大1Aの電源ですからACアダプタの電流仕様を1A以上にしなければなりません．ズバリ1Aでもよいのですが余裕を見て1.5Aとか2A程度のアダプタを選ぶことにします．家に転がっているから「捨てるよりはまし」という考えで，大きな10A定格のものを使ってもよいのですが，少し大げさです．また，10Aも流せるアダプタなら，1A以下で使う限り出力電圧はほとんど変動しないでしょうから，電源用ICを使わない回路にする方法もあります．それはともかく，わざわざ中古品を購入するのであれば1.5～2A程度がお勧めです．

つぎはアダプタの「定格電圧」を選択します．これも電源用ICのほうから要求されます．たとえば5Vを出力するICは9V～25V程度の入力電圧を必要とします．12Vの場合は16V～30V程度の入力電圧を必要とします．これは重要なことですからICの規格表を調べるようにしましょう．

調べてみればわかりますが，メーカーがちがっても仕様が同じなら型番号が同じであることに気が付くでしょう．5V，1AのICは「7805」，12V，1Aは「7812」などという番号がついているものが多くみられます．「78」ではじまる型番の電源用ICは出力がプラス端子，「79」ではじまる型番の電源用ICは出力がマイナス端子ということも経験することでしょう．

ここで注意してほしい重要なことがあります．それは，**図2-6**に示したような回路を採用し，電圧がことさら安定化されていないアダプタの電圧は，負荷が軽くて電流が少ないときや出力がオープンのときには，アダプタに記載されている電圧より高い電圧が出ているということです．アダプタに記載されている電圧は，その電流を流したときの電圧値を表記してあるからです．したがって，5V用ICの場合は9～20V程度，12V用ICの場合は16～25V程度の，やや控えめの出力値のアダプタを選ぶことにします．

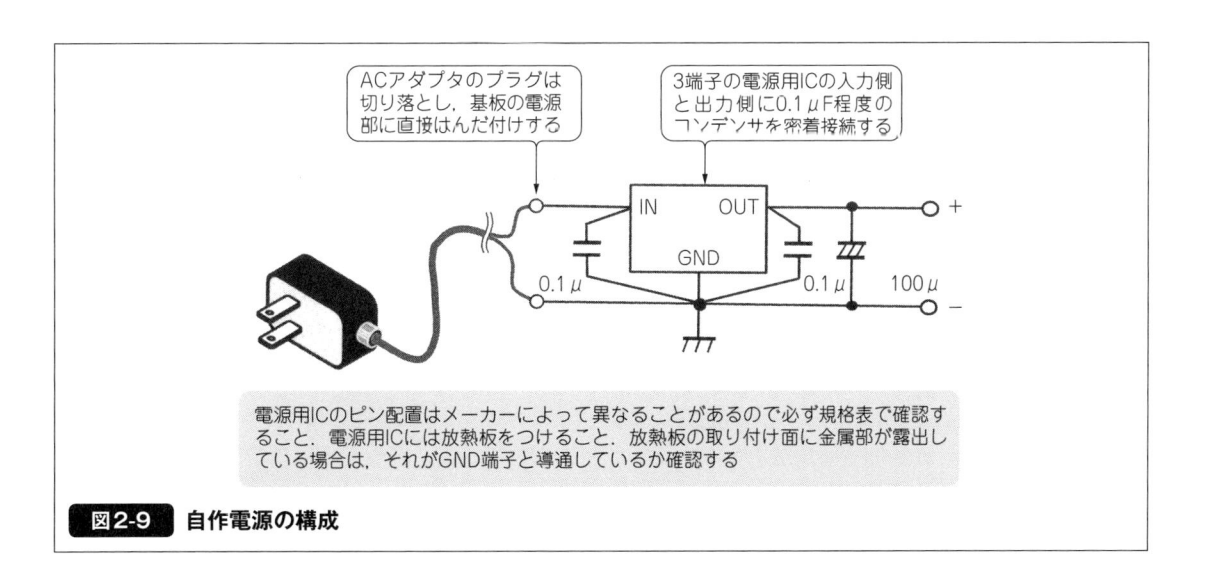

図2-9 自作電源の構成

スイッチング電源など電圧が安定化されたアダプタもありますが，その場合はいま述べたような心配は無用です．あらためて電源用ICを使うまでもなく，そのまま電源として使うことにしましょう．

こうして選んだICとアダプタとを使用して，**図2-9**に示す回路でまとめます．図中に説明したように，ICの入力側と出力側に$0.1\mu F$程度のコンデンサを接続するのが定番となっています．大容量の電解コンデンサと中容量のペーパーコンデンサとを並列接続する意味については第4章で解説します．

これから実験回路を自作する人も多いと思われますが，本節で紹介した電源は作りやすいうえに信頼性が高い装置ですから，電圧ごとに作っておくと便利だと確信します．ただ，ICにもバラツキはあります．12Vとか5Vといっても正確に12.0Vや5.0Vではありませんので承知しておいてください．

最後にACアダプタに関するアドバイスを若干つけ加えることにします．ACアダプタは，ゲーム機にも，パソコンの周辺機器にも，ポータブルのDVDプレーヤにも付属しています．これらのACアダプタが親機と接続されていないとき，すべて一つの「アダプタ共通保管箱」に放り込まれていませんか．そしていざ使用というときに同じ電圧のものが複数あったら機器の取扱説明書を開いて，どのアダプタを使えばよいのか調べなければならないハメに陥（おちい）ります．このようなことがないよう，ACアダプタにはシールを貼ってどの機器の付属品かわかるように心がけましょう．

充電できる電池を内蔵した商品に付属したアダプタは充電器とかチャージャーと呼ばれていますがACアダプタの一族であることに変わりはありませんから，本節で紹介したACアダプタとして使用可能です．

ただし充電にこだわったアダプタは通常のACアダプタよりも開放電圧がより高い可能性があるのでチェックして使うようにしましょう．

2-8　誤診から電池を守るノウハウ

ここで紹介するノウハウは，電池だけにとどまらず，電子機器全般のメインテナンスにかかわる重要なノウハウです．このことを「電源を考える」という本章で取り上げるのは，日常無意識に体験する失敗の中で，電池の事例がひじょうに多いからです．まず電池の事例を中心に考えてみましょう．

家庭の中のいろいろなリモコン，電池式時計，ポータブル・オーディオ，そのほか電池を使った電子機器で，電池が古くなって動かなくなった，とか，ときどき動作しなくなる，という理由で早々と電池を交換していませんか．

筆者からみると，約3割は電池の寿命だという「誤診」によるもので，まだ余力のある電池を平気で捨てている「無駄使い」の事例といえます．

このような状態が起こったら，電池を取り出して状態がチェックできるテスタで診断するのがベストですが，手もとにそのようなテスタがなかったら，以下のような手順で処理することをお勧めします．

(1) 電池が装着されているボックスを開き，液漏れや極端な汚れがないか目で調べます．液漏れはもってのほかでその電池はもう使ってはいけません．液汚れは清掃します．こびりつくような汚れがあったらサンド・ペーパーでこすって落とし，無水アルコールなどで清掃します．

(2) 特に問題がなさそうだったら指で電池を何回か回転させたうえで，再度スイッチを入れて動作をチェックします．これは電池の接触面をこすることによって接触不良を改善する作業です．

(3) 状態が良くなったかもしれないと感じても，それで終わってはいけません．

上記(2)の作業はあくまでチェックのステップで，確実に改善するには次に示す作業が必須です．

誤診から電池を守るノウハウ 2-8

　電池ボックスの中の電池は多くの場合，マイナス側がスプリングで接触し，プラス側はそのバネの力で細い接点に押し付けられています．このスプリングや板バネの力が弱くなっていると接触不良になりがちなので，細いラジオペンチなどでこれを逆に曲げてバネの力を増強してやる必要があります．

　バネの力が強いか弱いかは，電池を入れたり出したりするときの手ごたえで判断します．

　ボタン電池の場合も理屈は同じです．ボタン電池は電池の側面を取り囲むような接点構造が多いので，この部分を若干締め付け気味に狭くしてやります．

　次は電池の端子と受け側の接点やスプリングを徹底的に清掃します．この清掃はバネの力が強いと思っても行うべきです．

　清掃はいろいろな方法があります．サビや頑固なよごれは先述のとおりですが，金属面の清掃については要領が必要です．

　写真2-1は清掃のために選りすぐられたスタッフです．写真にも示したように，これらの液を綿棒に染み込ませて接点をふき取るのです．

　このような処置をすることで，電池の接触不良によるリモコンや時計の動作不良は経験上3割の救済につながります．

　このような配慮は，新しい電池を装着するときにも必要なことです．新しい電池だから接点は無欠点というわけではありません．洗浄剤で拭きあげて装着するのがベストですが，手もとに洗浄剤がなければ，電池の接点を新聞紙のような粗い紙に押し付けて数度こすってから装着するように心がけてください．こうすることによって目に見えない表面の膜を除く効果があるからです．

　電池の接点に膜ができやすいのは，接触電位のせいだと思われます．

　さてこのような処置は電池の接触問題だけにとどまりません．ここから先は「おまけ」の話で，電池の話題から離れますが知っているとひじょうに役に立つテクニックです．

　主としてデスクトップ型のパソコンについてですが，パソコンが不調になったら試してみることをお勧めします．もちろん電源ケーブルは外しておきます．

　パソコンの中にはいたるところにコネクタが使われており，すべてのコネクタを清掃しておきたいところですが，起動用のHDDのケーブルの両端のコネクタの接触部と増設メモリの接点だけは最低限清

① 耳そうじなどに使われる綿棒．薬局やスーパーで手に入る
② 接点浄化剤．サンハヤトから出ている本格的な接点浄化剤
③ エレクトロニッククリーナー 呉工業から出ている電子部品のクリーナー．プラスチック部品にも使える
④ 無水エタノール．薬局等で．
⑤ ダストブロワー．DIYの店ややPCショップで入手可能

電子回路の接点を洗浄するのに適した材料たち．②，③，④が威力を発揮する．ラッカー用のシンナーはプラスチックを侵すので敬遠しよう．これらの液を①の綿棒にしみこませて接点をきれいにする．目標物が小さいときは，②か③を，接点めがけて噴射し，⑤のエアーで吹き飛ばせばよい．

写真2-1 接点清掃のスタッフたち

掃しておきたいものです．

　増設メモリはいったんソケットから抜き，洗浄剤を染み込ませた綿棒かティッシュで拭きます．決して乾いているうちに乾いたものでこすらないようにしてください．

　ソケットのほうは綿棒も入らないほど緻密ですから，接点洗浄剤などを吹き付けておき，ホコリ取りのスプレーで液を吹き飛ばせばOKです．

　清掃後のケーブル類は，挿入後ブランブランしないように束線バンドでガチガチに固定することもお忘れなく．

　メーカー製のパソコンで起動しないトラブルがあり，なかなか策が的中せずに困っていたとき，増設用メモリを引き抜いて接点洗浄剤を染み込ませたティッシュで拭き上げ，ソケット側も上記の方法で洗浄したら無事復活した（信じにくい）実例体験があります．

　ポータブル・ラジオなどのイヤホン・ジャックにも同様の事例があります．

　ジャックのほうは，洗浄剤を細い綿棒に染み込ませて，穴に突っ込んで奥のほうまで出し入れします．

　「接点は魔物」です．接触しているように見えても薄い皮膜が構成されて，不接触があることを知っておきましょう．

　「誤診から電池を守るノウハウ」は電子機器全般のメインテナンスでも有効です．

Column D　ノート・パソコンの電源を上手に使う

　身近にある電源で虐待され続けているものの代表格に，ノート・パソコンに内蔵されている充電用の電池があります．特にニッケル・カドミウムやニッケル水素の「やや古」型の電池がそれです．本文でも述べましたが，いずれも「メモリ効果」の問題を抱えており，せっかく充電できる機能を持っているのにそのメリットを一度も使うことなく「寿命」と宣告されてしまう悲しい運命を背負ったパーツになっています．しかも「寿命」と言われたから買い替えようとするとやたらに高価なパーツなのです．代表的な事例を紹介しましょう．

　主として会社の事務所で起こる悲劇ですが，ノート・パソコンの新旧を問わず，ACアダプタがつなぎっぱなしにされているのです．多少気に掛ける人でも，使い始めるときには当たり前のようにACアダプタを接続します．節電で外していたACアダプタを，パソコンのスタートだから何も考えることなく接続するのでしょう．充電される電池にとってとても辛いことが毎日定型的に起こっているのです．

　その結果，お腹が減ってもいないのに無理やり食べさせられた電池は，これでもかこれでもかとメタボ化を迫られ，寿命をすり減らしているのです．

　こうなるとACアダプタに頼らない，自分のバッテリによるノート・パソコンの動作は数分と持たない状態になり，極端な場合は，新品のバッテリなのに，お店からは「寿命」と宣言されるというストーリーになります．

　新型のパソコンはリチウム・イオン系の電池が内蔵されているので，このような悲劇にはつながらないのですが，それでも電池の活性化のために，できるだけACアダプタに頼らずバッテリ駆動でパソコンを使用することをお勧めします．

　メモリ効果に取りつかれたノート・パソコンは，いちど放電しきってフル充電すると回復する，などというアドバイスがインターネット上でみられます．

　取扱説明書にも電池の取り扱い方が記載されているので，パソコンを支える裏方をいたわる意味でも，よく読まれるようにしてください．

　なおこのような注意は，パソコンだけでなく，ハンディ・トランシーバの充電池にもあてはまることなので心得ておきましょう．

第3章
抵抗器を知る

　抵抗器の特性を示す物理量は電気抵抗（あるいは抵抗値）ですが，世の中にあるほとんどのものには抵抗値があります．鉛筆の芯にも，人間の肌にも，塩水にもです．

　ただそれらの抵抗値はひとことで何Ωと特定できるものではありません．何Ωと特定できるような電気部品に仕上げたものが抵抗器です．

　抵抗器は「電流を流しにくくする部品」ですが，抵抗器を組み合わせることで，このあと紹介するように，回路の中にさまざまな機能を生み出すことができます．

　この章では抵抗器に焦点をあてて電子回路を考えることにします．この章で得られる知識で「抵抗器のエキスパート」になっていただきます．

基本単位の標準はより正確さを期すためにときどきグレードアップしています．
たとえば長さの標準は，光の速さを基準にした定義になるまではメートル原器があって校正の基準にされました．質量の標準にも原器があります．
抵抗は基本単位ではありませんが抵抗計で測定できます．しかし標準となる抵抗の原器があったら，それと比較することによってあらゆる抵抗器の抵抗値を正確に特定することができます．
写真の装置は「DECADE RESISTANCE BOX」という名前の「抵抗原器」です．
測定器の老舗「YEW」が品揃えしていた懐かしい商品ですが，ダイアルを操作することによって100kΩから0.1Ωまでを連続して読み取ることができます．
本文では紹介してない珍しい抵抗器を紹介しました．

3-1　抵抗器と抵抗値

　抵抗という言葉には二つの意味があります．何オーム（Ω）かを示す抵抗値の意味と，巻き線抵抗器とかカーボン抵抗器などという部品としての抵抗器の意味です．「この抵抗は50Ω」というように表現しますが，正確に言うと「この抵抗器の抵抗値は50Ω」となります．しかし抵抗器も抵抗値も誤解がないかぎり「抵抗」と呼んでいます．

　抵抗値は「電流の流しにくさ」のことで，単位はオーム（Ω）です．流しにくさですから，オームの数字が大きいほうが流しにくいということになります．

　抵抗値の単位オーム（Ohm）は，ギリシャ語のオメガ（Ω）で表します．オームは電磁気学の研究に貢献したドイツ人オームさんの名前に敬意を払って採用されたものです（**図**3-1）．

3-2　抵抗器の種類と回路図記号

　世の中に存在する多くの物質は，多かれ少なかれ電流を流します．炭素などに混ぜものをして形を整え，安定した抵抗値が得られるように部品として完成させたものが抵抗器です．材料としては炭素に限らず，電線を巻いて作ったものもあります．

　抵抗器には，抵抗体の材料や形状によってさまざまな呼び名があり，一定の抵抗値をもつ「固定抵抗器」と，アンプの音量調節器のように抵抗値を変化させることができる「可変抵抗器」とがあります．それらのいくつかを回路図記号とともに**図**3-2に示しました．

　固定抵抗器のうち，民生用として一般的なものは②の炭素皮膜抵抗器です．

　ソリッド抵抗器は現在ではほとんど使われない歴史的な炭素系の抵抗器です．巻き線抵抗器には精密用と電力回路用があります．セメント抵抗器は巻き線抵抗器をセラミックのケースにおさめ，特殊セメントを充てんしたものです．

　このほかにも精密回路用に使われる金属皮膜抵抗器などがあります．固定抵抗器はこれら種類の違いはあっても，回路図記号は**図**3-2に見るようにみな共通です．

図3-1 オームさんは，電磁気学の研究に貢献したドイツ人

抵抗器の種類と回路図記号　3-2

　回路図では抵抗器の回路図記号のそばに抵抗値を示すのが常識ですが，あとで述べるように，耐えられる電力には限界があり，電力回路用など大きな許容電力のものが必要な抵抗器には，電力値も併記します．

　図3-2にも示したように，固定抵抗器に対して抵抗値を変化させることができる可変抵抗器があり図記号は固定抵抗器に斜めの矢印を重ねて表記します．

　可変抵抗器には**図3-2**の⑤や⑥のように，機器の外部にシャフトを出してツマミで調節するようにした，一般にボリュームと呼ばれるタイプのものと，⑦や⑧のように，基板の中に組み込んで，いったんドライバなどで調節したらあとは固定抵抗器と同じように可変しないタイプのものがあります．回路図記号も**図3-2**に示したように矢印の先端が微妙に異なります．

　なお，⑤や⑥のような回転式に対してスライド式のものもあります．

　⑦の半固定抵抗器は，ドライバで最大270度回転すると抵抗器の可変範囲が0Ωから最大抵抗値までカバーできるのに対し，⑧の多回転式のものは，何回転も回さなければ目的の抵抗値が得られないようになっており，一回転の可変量が少ない分だけ精密に合わせこむことができるので，精密機器用として使われます．

　なお⑤に示す2連の可変抵抗器の図記号は，2個の可変抵抗器の，それぞれの矢印の尻尾どうしを破線で連結させることで表現しています．

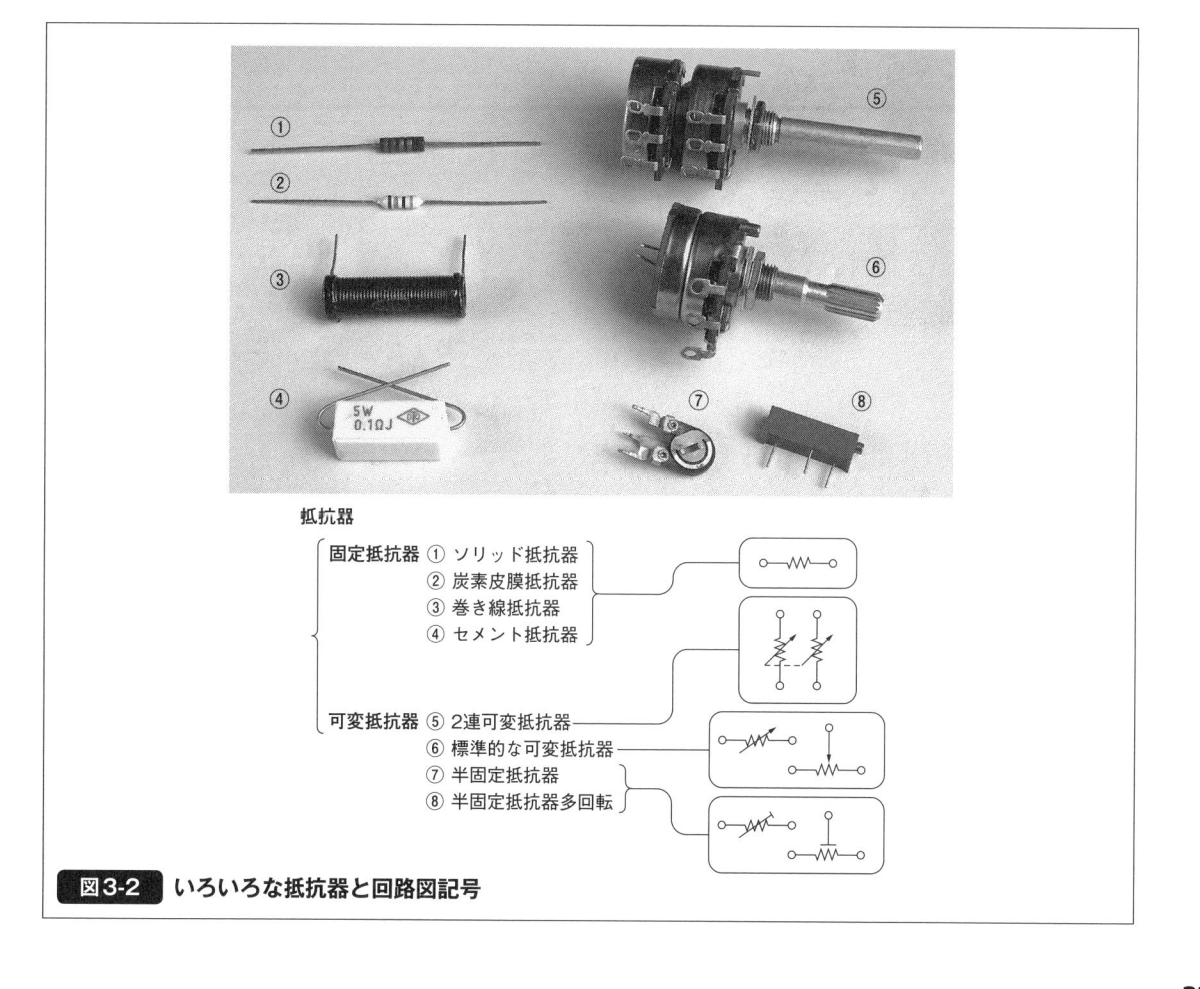

抵抗器
- 固定抵抗器
  - ① ソリッド抵抗器
  - ② 炭素皮膜抵抗器
  - ③ 巻き線抵抗器
  - ④ セメント抵抗器
- 可変抵抗器
  - ⑤ 2連可変抵抗器
  - ⑥ 標準的な可変抵抗器
  - ⑦ 半固定抵抗器
  - ⑧ 半固定抵抗器多回転

図3-2 いろいろな抵抗器と回路図記号

3-3 抵抗値の測定

　抵抗器には何Ωかという値が表示されていますが，中には表面実装用のチップ抵抗のように小さすぎて表示困難なものもあります．そのような場合には，保管している容器に表示するなど工夫が必要です．しかし容器から出た抵抗器や，表示がかすれて読めなくなった抵抗器や，抵抗器以外の部品について抵抗値を知りたいときには，抵抗値の測定技術を知っておく必要があります．

　まず通常の針式テスタの抵抗計モードで測定する方法について，その正しい使い方をおさらいしておきます．

　図3-3はテスタを抵抗値測定モードに限定して図解したものです．図にも示したように，針式のテスタには通常赤と黒のテスト・リードが付属しています．

　抵抗値の測定は，この2本のテスト・リード間に被測定物を入れて針の指す目盛りを読むことで行いますが，測定前の手順を**図3-3**に述べた解説どおりに守らなければ正しい抵抗値は得られないことを知っておきましょう．

　図3-3の手順を守ったとしても，複数の抵抗器を使って組み上がった回路基板の二点間を測定するのは要注意です．それは，回路基板の内部で複数の抵抗が並列になっていたり，ダイオードがつながっていたりして，測定しようとする二点間が単独の抵抗でない可能性があるからです．要注意というより好ましくないと心得ましょう．

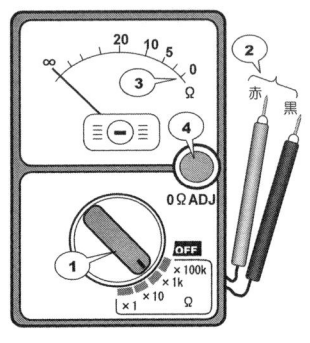

図は，抵抗値を測定する場合に限ったテスタの機能を描いたものである．電圧や電流の測定機能は省略してある．
図中の番号と以下の説明文の番号とを対応させた．

1. はじめにスイッチをOFFから適当なレンジに切り替える．
2. 赤黒のテスト・リードを接触させると針が振れる．
3. その針の示す値が0Ωになるように
4. ゼロオーム調節用の可変抵抗器のつまみを回す．

その後赤黒のテスト・リードを被測定物にあてて測定する．抵抗値を測定したとき針がほぼ中央に来るようなレンジにセットすると測定誤差が少なくなるので，そのレンジが合わないと思ったら再び1のステップからやり直す

図3-3 テスタで抵抗値を測定する

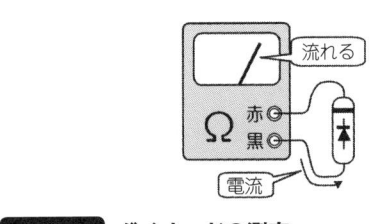

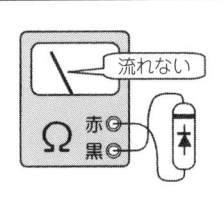

針式のテスタを抵抗測定モードにしてダイオードを測定した例．
電流が流れるモードでも抵抗のレンジによって値は異なることに注意

図3-4 ダイオードの測定

針式のテスタで電圧を測定するときは，通常赤いテスト・リードをプラス側に，黒いテスト・リードをマイナス側につなぎます．電流を測るときは通常電流の流れ込む側（プラス側）に赤いテスト・リードを，電流の流れ出る側（マイナス側）に黒いテスト・リードをつなぎます．

抵抗を測定するときは，テスタの内部にある電池を電源とし，被測定物に流した電流をメータで読む回路構成になっています．そのため，あらかじめ**図3-3**に示したような準備操作が必要なのですが，この抵抗測定モードで流れる電流の向きは，黒いテスト・リードのほうから被測定物を通って赤いテスト・リードのほうに向かっていることを知っておいてください．

いいかえれば黒いテスト・リードには内蔵電池のプラスが現れているのです．このことを理解していれば，ダイオードの抵抗値は，**図3-4**のような接続で測定しなければならないことに気がつくでしょう．ダイオードは抵抗器ではありませんが，抵抗値は持っており，しかも電流をよく流す方向（順方向）と電流を流さない方向（逆方向）のふたとおりの抵抗値があるので，**図3-4**の方法を知っておくとダイオードの良否を見分けられるなど，のちのち役に立ちます．

もう一つデジタル・マルチ・メータ（略してDMM）を使ってダイオードの抵抗値を測るときにも注意が必要なことを付け加えておきます．DMMはLSIなどを保護するために電流を流さないで測定するように設計されており，電流が流れない状態のダイオードを，DMMの通常モードで測定すると，どちらの方向で測定してもひじょうに大きな抵抗値を示します．このため，DMMにはダイオードを測定するためのモードが別に設けられています．参考にしてください．

3-4　オームの法則

抵抗を考えるときに避けてとおれない重要な法則があります．

このシリーズでは，できる限りやさしくおさらいするために，なるべく数式を使わないように気を配っていますが，ビギナーであってもアマチュア無線技士であるかぎり，**図3-5**に示す法則だけは常識として知っておいてください．

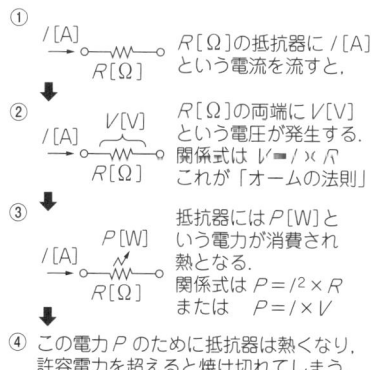

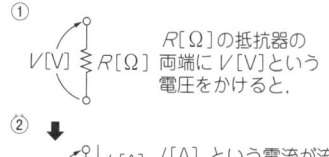

図3-5　オームの法則

図3-5は有名な「オームの法則」とそれに密接な「電力」の関係式です．
この図の中に出てくる関係式は，これからも長くお付き合いすることになるのですが，式を並べただけでは，どのように使うのか実感できないでしょうから，図3-5から読み取って応用してほしいことを一つ紹介しておきます．

抵抗器に流れる電流値を知りたいとき，回路の一か所を切断して電流計を挿入しなければ測定できないと思いがちですが，その抵抗器の両端の電圧を測定して抵抗値で割れば，配線に手を加えることなく電流値がわかります．これはオームの法則の超初歩的な応用です．

電流を監視しなければならないような装置には，小さな抵抗値の抵抗器を挿入して，この手法で電圧を読み取るようなことをやっています．

なお，オームの法則は直流だけでなく，交流についても成り立つ法則です．

3-5 抵抗器の並列と直列

並列や直列の意味はいまさら説明するまでもないと思いますが，図3-6に示す接続がその姿です．並列にしたり，直列にしたりすると，接続の結果得られる抵抗値（合成抵抗）がどのようになるかを図中に示しました．

直列の場合，単純に抵抗値の和になることは直感的にも理解できると思いますが，並列の場合の式は少し複雑です．しかし「二つの抵抗値の積を二つの抵抗値の和で割る」と覚えれば楽です．

並列接続は，もとの抵抗器R_1よりも少しだけ小さい抵抗値Rを作りたい，というときによく利用されます．

たとえば$R_1 = 1\mathrm{k}\Omega$として$R = 900\Omega$前後の抵抗値を作りたいというときには，R_2として$10\mathrm{k}\Omega$を並列接続してやればいいという計算になります．計算結果は909Ωになります．この方法は，もとの抵抗器を取り外すことなく，第2の抵抗器を追加的に並列接続するだけなので作業が簡単になるところがメリットです．作りたい抵抗値Rに対してR_2を何Ωにすればよいかは図3-6の式をR_2について解けば簡単に得られますが，次節に出てくる標準数のことも考慮して近い数値のものを選ぶ必要があります．

ちなみに，909Ωにもう一つ100kΩを追加接続すると，900.9Ωと，だんだん900Ωに近づいていきます．

並列接続が活用されるもう一つの事例は，送信機の出力に使う50Ωのダミー抵抗です．

専用のダミー抵抗は市販されてもいますが，周波数の問題さえなければ，許容電力を大きくして自作したいときなどに効果があります．

たとえば，50Ωで20Wのダミー抵抗が必要なときには，1kΩで1Wの抵抗器を20本並列接続してやればOKです．周波数の問題といったのは，抵抗器には高い周波数で「純抵抗」とはいえない成分が首をもたげてくるので，せいぜい2mバンドより低い周波数帯に限られます．

小型の出力計などで，大きめのチップ抵抗器をコンパクトに並列接続してダミー抵抗とし，400MHz帯まで使用できるようにしたものも市販されています．

3-6 抵抗値の標準数とカラー・コード

抵抗値の単位はオームですが，市販されている抵抗器の抵抗値（オームの値）は，一定の規則にしたがっています．たとえば，1Ω，10Ω，100Ω，1kΩ，…という値の抵抗器はあっても，4Ω，40Ω，

3-6 抵抗値の標準数とカラー・コード

400Ω，4kΩ，…という値の抵抗器は通常市販されていません．その要求に近い抵抗器を求めようとすると，3.9Ω，39Ω，390Ω，3.9kΩ，…という数字の並びを購入することになります．この「39」という中途半端な数字はどんな決まりによって定められているのでしょうか．それはE標準数と呼ばれる数列で規格化されているのです．

規格化されたE標準数の一部を**表3-1**に示します．表にあるように，E12とかE24というのがその系列の呼び名ですが，このほかにもE3，E6，E48，E96，E192などという系列があります．しかし通常はE12とE24を知っておけば十分でしょう．

市販されている抵抗器は，0から∞(無限大)まで連続してカバーしていることが望まれますが，そのための規格なのです．たとえばE12系列の抵抗器は**表3-1**に±10％と記載してあるように，10Ωの抵抗器の抵抗値は，10Ω−10％の9Ωから10Ω+10％の11Ωまでをカバーするようにしてあるのです．いいかえると，E12系列では10Ωと表記された抵抗器を実測すると，9Ωも11Ωも出てくるのです．

ですから10Ωと表記された抵抗器は正確にいうと「10Ωグループの抵抗器」と呼ぶべきなのです．本当に10Ωに近い抵抗器を入手しようとすれば，「10Ωグループの抵抗器」として購入した抵抗器を実測して選ぶか，E24系列の抵抗器を購入することになります．しかしE24系列でもばらつきによって±5％の広がりは覚悟しなければなりません．±10％はばらつきが大きすぎますが，±5％のばらつきなら回路の設計が進むときにはE24系列の抵抗器を採用することになります．

当然ですがE12系列の抵抗器よりもE24系列の抵抗器のほうが高価です．

さて**表3-1**には定められた抵抗器の定格表示のためのカラー・コードが示してあります．

○の意味
黒：×1，茶：×10，赤：×100，橙：×1000
黄：×10^4，緑：×10^5，青：×10^6，紫：×10^7

◇の意味
黒：±1％，赤：±2％，銀：±10％，金：±5％
無印：±20％

図3-6 抵抗器の並列と直列

抵抗器の並列：合成抵抗 $R = \dfrac{R_1 \times R_2}{R_1 + R_2}$

抵抗器の直列：合成抵抗 $R = R_1 + R_2$

表3-1 標準数とカラー・コード

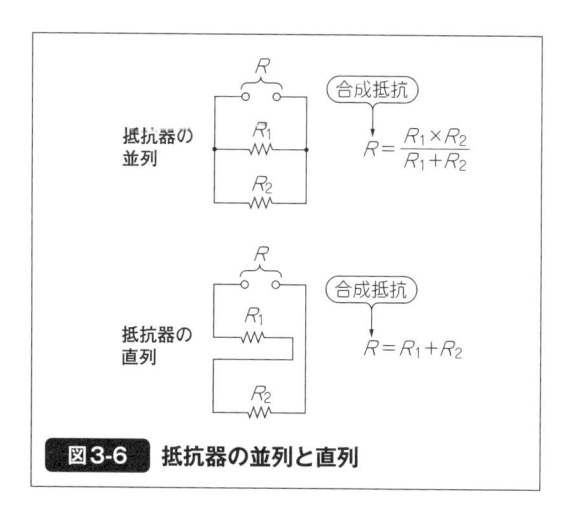

	E12 ±10％	E24 ±5％	
茶黒○◇	1.0	1.0	茶黒黒○◇
		1.1	茶茶黒○◇
茶赤○◇	1.2	1.2	茶赤黒○◇
		1.3	茶橙黒○◇
茶緑○◇	1.5	1.5	茶緑黒○◇
		1.6	茶青黒○◇
茶灰○◇	1.8	1.8	茶灰黒○◇
		2.0	赤黒黒○◇
赤赤○◇	2.2	2.2	赤赤黒○◇
		2.4	赤黄黒○◇
赤紫○◇	2.7	2.7	赤紫黒○◇
		3.0	橙黒黒○◇
橙橙○◇	3.3	3.3	橙橙黒○◇
		3.6	橙青黒○◇
橙白○◇	3.9	3.9	橙白黒○◇
		4.3	黄橙黒○◇
黄紫○◇	4.7	4.7	黄紫黒○◇
		5.1	緑茶黒○◇
緑青○◇	5.6	5.6	緑青黒○◇
		6.2	青赤黒○◇
青灰○◇	6.8	6.8	青灰黒○◇
		7.5	紫緑黒○◇
灰赤○◇	8.2	8.2	灰赤黒○◇
		9.1	白茶黒○◇

大きさの限られた抵抗器に何Ωかを表記するのは大変なので，色の帯で表記するのがカラー・コードなのです．通常E12系列は左の欄にあるように4本の帯で，E24系列は右の欄にあるように5本の帯で表現します．ビギナーのハムとしてはE12系列を知っておけばほぼ十分でしょう．

ちなみにE192系列は誤差±1%で，実測して選別したほど精密そのものですが，抵抗値の種類が192もあり，一通りそろえるだけでも大変です．

3-7 回路の中の抵抗器の役割

抵抗器は電流を流しにくくする部品ですから，使用の目的は，「電圧を下げる」，「電流を減らす」といった内容がほとんどです．電圧や電流といっても，電源系もあれば低周波や高周波と呼ばれる信号系もあります．

図3-7に，そのような目的の回路の代表的なものを示します．図では，コンデンサ，トランジスタやツェナー・ダイオードといった，まだおさらいしていない部品が出てきますが，今回の「抵抗」が部品としてのトップバッターなので，あとで振り返ってやっと理解できるものが含まれるのはある程度やむをえないことと割り切ってください．

図3-7の中で「負荷」という言葉が出てきます．この言葉は広辞苑にも解説されていますが，要は「ある回路から出力されるエネルギーの消費先」のことで，たとえば，送信機の負荷はアンテナとかダミー・アンテナの抵抗器，低周波増幅器の負荷はスピーカとかこれに代わる抵抗器，電源回路の負荷は別の回路や装置，といった電力の「行き着き先」のことです．

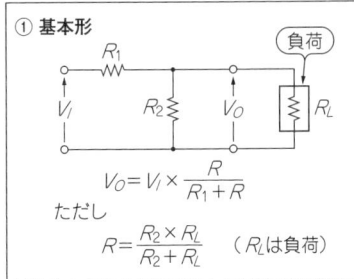

---

① 基本形

$$V_O = V_I \times \frac{R}{R_1 + R}$$

ただし

$$R = \frac{R_2 \times R_L}{R_2 + R_L} \quad （R_L は負荷）$$

V_Iは入力される電圧のことで回路の電源電圧のこともあり，音声電流のような交流の信号電圧であることもある

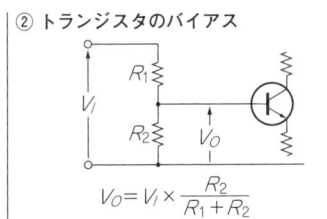

② トランジスタのバイアス

$$V_O = V_I \times \frac{R_2}{R_1 + R_2}$$

電源電圧V_Iを上図のように分割し，上式に示すような電圧V_Oを得てトランジスタのベースに加えている．ベース電流は極めて少ないのでR_Lは∞と見なす

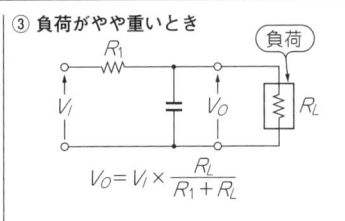

③ 負荷がやや重いとき

$$V_O = V_I \times \frac{R_L}{R_1 + R_L}$$

たとえば負荷がV_Iとは異なる電圧V_Oで動作するICであったり，ポータブル・ラジオの電源のような場合は，R_2抜きで電圧を下げるのが常識．入れてあるコンデンサは雑音などを軽減する目的のもの

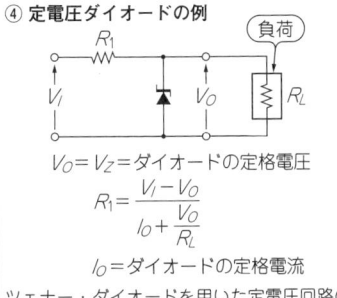

④ 定電圧ダイオードの例

$V_O = V_Z$＝ダイオードの定格電圧

$$R_1 = \frac{V_I - V_O}{I_O + \frac{V_O}{R_L}}$$

I_O＝ダイオードの定格電流

ツェナー・ダイオードを用いた定電圧回路の事例．このダイオードについては別の機会に

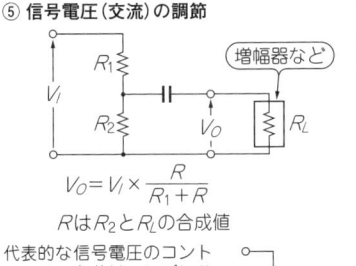

⑤ 信号電圧（交流）の調節

$$V_O = V_I \times \frac{R}{R_1 + R}$$

RはR_2とR_Lの合成値

代表的な信号電圧のコントローラ．負荷はコンデンサを介しR_2と並列になる．右の可変抵抗器も同様

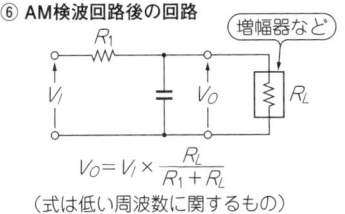

⑥ AM検波回路後の回路

$$V_O = V_I \times \frac{R_L}{R_1 + R_L}$$

（式は低い周波数に関するもの）

③と類似の回路だが入力は高周波と低周波が混在した．AMの検波回路のあとのような回路，低周波成分は③と同じ上式で取り出し，高周波成分はコンデンサで取り除く回路で，③の直流電源系とは性質が異なる

図3-7 抵抗器の使われ方いろいろ

回路の中の抵抗器の役割 3-7

図3-7の中では全体をまとめた姿を「①基本形」とし，その他の回路をこれの変形バージョンとして展開してあります．

②にいきなりトランジスタが出てきましたが，CQ ham radio誌の実験報告などでは何度もお目にか

Column E **ダイオードの抵抗値**

図3-4では針式テスタの抵抗モードでダイオードを測定（チェック）するようすを示しました．図中の説明で，「抵抗のレンジによって測定値は変化する」ことをチラと紹介しましたが，重要な内容を含んでいるので，この「チラ」の部分を掘り下げることにします．

まずテスタの「レンジ」を理解しましょう．レンジ（range）とは変動の幅とか範囲といった意味があり，抵抗計の場合には，「どの抵抗範囲」を使うのが適しているかを中央のロータリー・スイッチで選ぶようになっており，そのスイッチのポジションをレンジと呼ぶのがならわしになっています．たとえば3.9kΩの抵抗器を測定するには1Ωのレンジでは針がほとんど振れずひじょうに大きな抵抗値を感じさせ，100kΩのレンジでは針が右端のフルスケールの目盛に張り付いてしまってゼロΩではないかと思わせ，3.9kΩという値が測定できません．結局1kΩのレンジを選択すれば読み取ることができます．レンジ切り替えの機能はこのためにあるのですが，切り替えによって何が変わっているのかというと，抵抗計から出ている赤と黒のテスト・リード間に現れる電圧が変わっているのです．この電圧は抵抗計に内蔵されている電池によるものです．大きな抵抗値を測定するときは大きな電圧をかけてやる必要があるからだと理解しましょう．

余談ですが，オーブン・レンジのレンジも辞書では同じrangeです．

さてダイオードの抵抗値をテスタの抵抗計モードで測定してみましょう．図Eはその結線図を示します．抵抗計から出てくる電圧をダイオードにかけて，電流を流した状態のダイオードの抵抗値を測定しています．ここで注目したいのは，右のほうにある「ダイオードの抵抗の測定値」に示したように，抵抗計のどのレンジでも抵抗値が測定でき，しかもその値が異なることです．先述のように，3.9kΩの抵抗値を測定するときは1Ωや100kΩのレンジでは測定できなかったことと比べてみてください．

図Eでは内蔵電池による端子電圧をデジタルの電圧計によって測定もしています．測定の結果各レンジごとにどのような端子電圧が表れているのかを並べて表にまとめました．

この実験でわかることは，ダイオードは通常の抵抗器とちがって，両端にかかる電圧によっていろいろな抵抗値を示すということです．端子電圧が0.27Vや0.50Vのときには，測定される抵抗値はそれぞれ300kΩや4.5kΩと比較的高い値ですが，0.71Vを超えると急に数十Ω以下の低い抵抗値になります．この現象は第6章でも解説しますが，電圧と電流が比例関係にないことを意味します．通常の抵抗器の場合は，オームの法則によって電圧と電流が比例関係にあり，グラフで表しても「直線的」なのですが，ダイオードの場合は，「非直線」になります．

このコラムの表題は「ダイオードの抵抗値」ですが，ここでの結論は，「ダイオードのような非線形素子の抵抗値は測定条件によっていろいろな値が存在する」ということです．

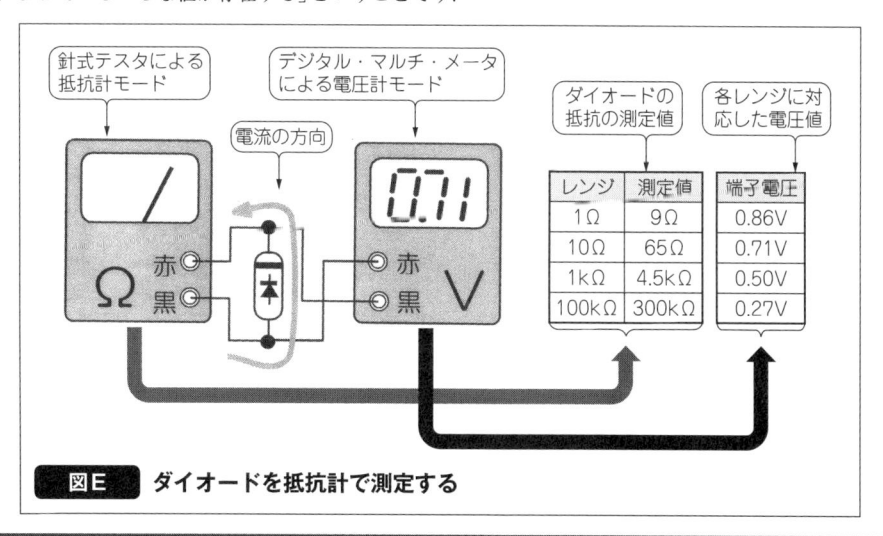

レンジ	測定値	端子電圧
1Ω	9Ω	0.86V
10Ω	65Ω	0.71V
1kΩ	4.5kΩ	0.50V
100kΩ	300kΩ	0.27V

図E ダイオードを抵抗計で測定する

かる回路です．トランジスタのベース電流はひじょうに小さいので式のようになります．

③は，たとえば3V動作のラジオを5Vのアダプタで動作させるような場合に考えられる回路です．
ただしラジオの電源電流は，大きな音量に応じて変動することもあるので，コンデンサを電解コンデンサにするなど容量を増やしてやる必要もあります．③は真空管の回路としてもよく出てきましたが，真空管の増幅器どうしの結合を減らすために使われることが多く，その目的の言葉を使って「デカップリング回路」などと呼ばれたものです．この考え方すなわち「抵抗で減衰させてコンデンサでダメ押し」という考え方は，現在の半導体を駆使した回路にも使われます．

④はややハイレベルの回路になりますが，③よりは変動率の少ない回路になります．

⑤と⑥は信号系の回路です．⑤は単に信号の電圧を分割するもので可変抵抗器と同じ回路構成になります．

⑥はAM検波器によくある定番の回路です．

コンデンサ，コイル，あるいは半導体の組み合わされた抵抗の役割は，順次説明していくことにします．

3-8 超小型時代の抵抗器

携帯電話やスマートホンに代表される小型電子機器にとってなくてはならないもののひとつに表面実装用のチップ素子があります．3-2節では「抵抗器の種類と回路図記号」と題していろいろな抵抗器を紹介しましたが，クラシックな抵抗器ばかり紹介してきました．チップ素子の抵抗器は，回路図記号ではいままで見てきたクラシックな抵抗器と同じですが回路図とりわけ基板を設計するうえで知っておきたいことが多く，ここで集中的におさらいすることにしました．

ことわっておきますが，チップ素子は小型の電子機器専用の部品ではありません．たとえば，**図3-2**の①や②に示すように抵抗体の両側からリード線が出ているような「アキシャルリード」と呼ばれる構造の抵抗器は，比較的高い周波数に対してリード線のインダクタンスが無視できなくなります．これに対しチップ抵抗は基板のパターンに直接はんだ付けせざるを得ないので，リード線の影響は皆無です．すなわち従来のアキシャルリードタイプの抵抗器よりは高い周波数まで「純抵抗」としての能力が保たれていることになります．

この特徴を利用してUHF帯の減衰器やダミー抵抗に活用される事例を多く見かけます．

分類	読み方	長辺[mm]	短辺[mm]	厚さ[mm]	電力[W]
5025	ゴーマルニーゴー	5.0	2.5	0.5	0.5
3226	サンニーニーロク	3.2	2.6	0.5	0.25～0.5
3216	サンニーイチロク	3.2	1.6	0.5	0.125～0.25
2125	ニーイチニーゴー	2.0	1.25	0.4	0.125
1608	イチロクマルハチ	1.6	0.8	0.3	0.1
1005	イチマルマルゴー	1.0	0.5	0.2	0.063～0.1
0603	ゼロロクゼロサン	0.6	0.3	0.1	0.05

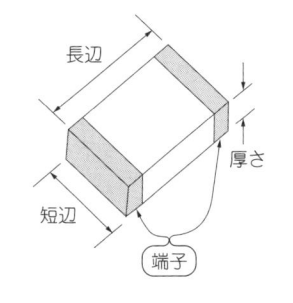

注1：「2125」は「2012」(ニーマルイチニー)とも呼ばれる
注2：「マル」は「ゼロ」とも呼ばれる

表3-2 チップ抵抗の呼び方，サイズ，電力定格一覧

3-8 超小型時代の抵抗器

なにも小型機器専用のものではなく,「ケータイ」や「スマホ」時代の裾野を支える部品として台頭してきて広く機器全般を支えるようになったものです.

さてそのチップ抵抗は,**表3-2**に示すように大きさによる分類がなされています.これがすべてではなく,「0402」(ゼロヨンゼロニー)といった0.4mm×0.2mmサイズのものまであります.もう肉眼で判別するのは困難です.**表3-2**の中で一番大きな「5025」がほぼ米粒なみですから,これらを使って基板を設計するのは若い人に限られそうです.

表3-2では参照する目的で,チップ抵抗の外形図も示しました.

抵抗体にはプラスチックか融点の低いガラスが使われており,長さ方向の両端が金属の端子になっています.

「1608」サイズのチップ抵抗を実装した事例を**写真3-1**に示します.この写真は約8倍寸に拡大したものですが,中に3本のチップ抵抗が確認されます.基板に印刷されている部品番号のR7やR13は文字の高さが約1mmですから肉眼でも判別できますが,チップ抵抗に印刷された抵抗値の文字はルーペを必要とします.アマチュアが自作機に使えるチップ抵抗はこれ以下のサイズのものはよほど器用な人でも無理だと思われます.

チップ抵抗を実装するときはやや技術を要します.はんだ付けする箇所の一方にあらかじめ予備はんだをし,チップ抵抗をピンセットでつまみ,予備はんだの部分にこてをあてて熱し,チップ抵抗の一方の端子をあててはんだ付けします.両方のはんだ付けが完了した姿を想定して位置決めをし,その位置のとおり最初のはんだ付けができると最高ですが,若干のネジレはあとで修正可能です.

はんだは比較的低い温度で溶ける「低温はんだ」が楽です.

最初のはんだ付けが終わったら反対側をはんだ付けしますが,すでに一方が固定されているので利き手にはんだごて,反対側の手にはんだを持ちながら作業を進めることができます.もし最初のはんだ付けの位置が若干ねじれていたら,ピンセットなどでチップ抵抗を軽ーく押さえながら,両端子をはんだごてで素早く熱し,両方ともはんだが溶けた状態にするとチップ抵抗が自分からすんなり安定した位置

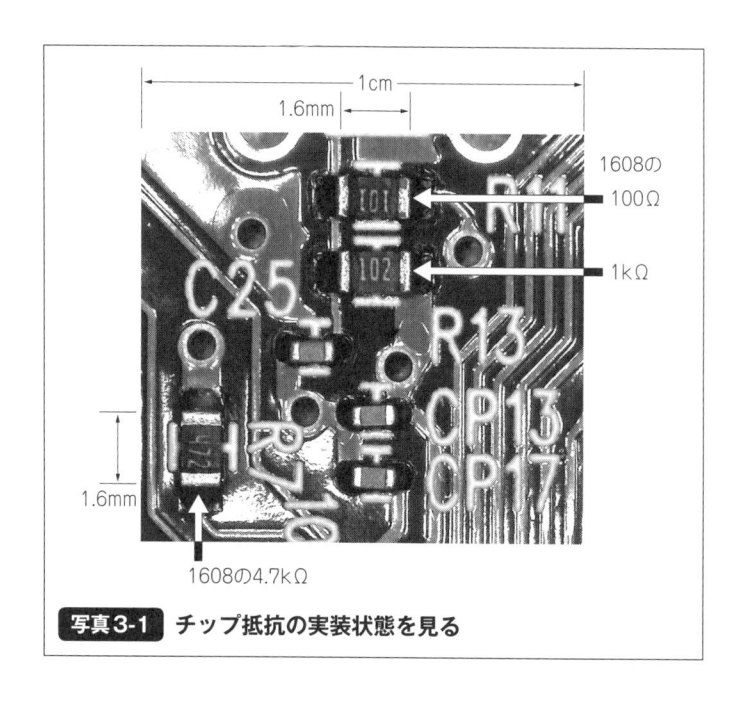

写真3-1 チップ抵抗の実装状態を見る

第3章 抵抗器を知る

に落ち着いてくれます．

慣れも必要ですが，結構テクニクを要するので，インターネットなどでチップ抵抗をはんだ付けする模範的な作業の動画を見せてくれるサイトもあるほどです．

これから使う頻度が増えると思われるので，実装の裏技まで言及しておきました．

Column F　こんな問題に挑戦してみましょう

わかってしまえば他愛のない問題ですが，ちょっと発想をかえて取り組まなくてはならないクイズ問題を二つ提起します．

図F-1に示すQ1とQ2が問題です．図F-1の中に詳しく書いてありますが，抵抗器を立方体の各辺状に配置接続したときの合成抵抗値を求める問題で，正統派はキルヒホッフの法則を持ち出して解こうとし，迷路に入り込んで途方に暮れてしまうかもしれません．

問題はできるだけ簡単になるように，すべての抵抗器の値を10Ωに統一しました．

説き方の考え方と答えは，それぞれ図F-2-1と図F-2-2に示しました．

もしこれらの抵抗器がばらばらの勝手な値だとしたらどうしましょう．

各抵抗に番号を付け，その抵抗を流れる電流に抵抗番号と同じ番号をつけて，電流のルートで6式，電圧の積み重ねで6式の連立方程式ができます．

R_1，R_2，R_3とR_4，R_5，R_6とは，簡単にR_7，R_8，R_9，R_{10}，R_{11}，R_{12}に分解されるので，電流と抵抗を組み合わせた6元1次方程式ができ上がります．未知数は中央段にある六つの抵抗を流れる電流値ですから，電流解が出てくるはずです．

この辺までは理屈ですからすいすいと来ましたが，力づくによって一般式を導き出すのは思ったより大変で，結局途方に暮れて断念してしまいました（大笑）．

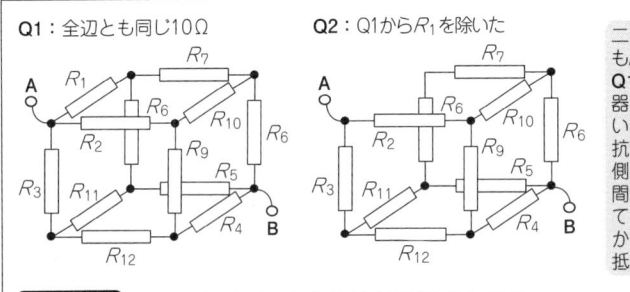

図F-1　二つのクイズ　あなたはどう解きますか

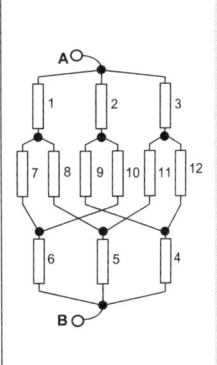

二つのクイズがあります．どちらもA-B間の抵抗値を求める問題です．Q1のほうは，立方体の各辺に抵抗器があるような配置接続になっています．図でわかるように，A側の抵抗器はR_1，R_2，R_3とし，反対のB側の抵抗器をR_4，R_5，R_6として中周辺の抵抗器番号を7～12で構成しています．Q2のほうは，Q1の構成からR_1だけを取り除いたものです．抵抗器はみな10Ωとします

図F-2-1　Q1の考え方，解き方

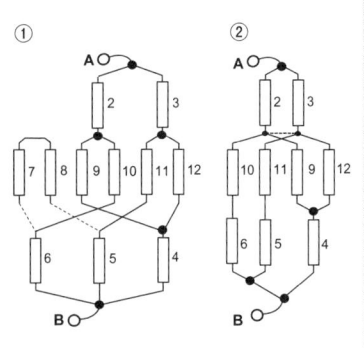

クイズQ1の解き方．図は問題のQ1を整理したもので，抵抗器を示すRは省略してある．AB間は三つの抵抗群から構成され，各群のつなぎ目は縦のどのルートをとっても同電位なので，AB間は，3個並列，6個並列，3個並列の抵抗群が直列になったものとみなせる．したがって合成抵抗は，10/3＋10/6＋10/3＝8.3Ω

図F-2-2　Q2の考え方，解き方

クイズQ2の解き方．①は問題のQ2を整理したものだ．R_1がないから7，8の抵抗には電流は流れない．対称性を考えると5，6の両端の電位は同じなので7，8の抵抗は削除して考えてよい．こうしてさらに整理すると②のように描きなおせる．三つの抵抗群の最上段は2個並列だが，中段下段で二つのルートに分かれる．左のルートは4抵抗で10Ω，右のルートは10/2＋10＝15Ωとなり，合成抵抗は10/2＋(10×15)/(10＋15)＝11Ω

第4章
コンデンサをテーマに回路を語る

　コンデンサは面白い電子部品です．いまコンデンサの原理を説明されると「なるほど」で終わってしまいますが，最初にこの構造を考え出した人は実にえらいなあと思います．

　はじめは静電気を蓄えるのが精いっぱいだったと思われますが，継続的な電流を流せる電池の開発にはじまり，さらにその電流を変化させて交流が生み出せるにいたって，コンデンサの機能が著しく広がったといえます．まずコンデンサは，極板の間に導体がないのに交流の電流を流します．そしてさらに驚きは，その極板を開いていくとそれがダイポール・アンテナの原形になっていくことです．

　ハムにとって無限の魅力を持つコンデンサ，この章では皆さんをコンデンサのマスターへの道にお誘いします．

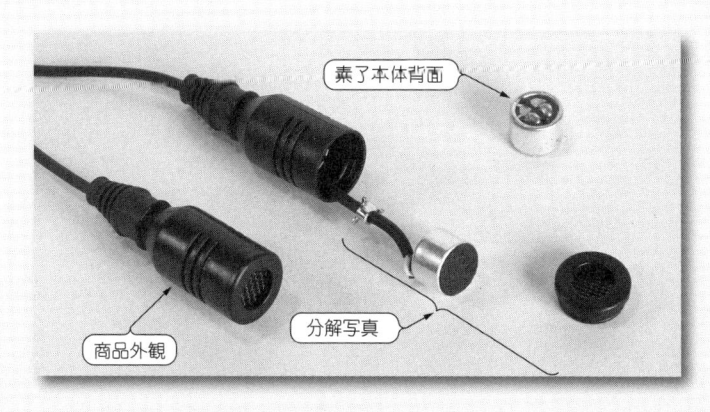

素子本体背面
商品外観
分解写真

これは「エレクトレット・コンデンサ・マイクロホン」で，コンデンサ族です．
エレクトレットは大正時代から発見されていましたが，レコードプレーヤのカートリッジとして商品化されたのは昭和30年代の後半以降で，高品質のパーツとして名をはせました．
磁石に対する電石と呼ばれる「永久帯電樹脂」のコンデンサ構造で，パソコンの世界でも急激にマイクロホンとして普及しているものです．

4-1 コンデンサの原形

コンデンサの原形は**図4-1**の①のように2枚の金属板を向かい合わせた構造物です．金属板の間には同**図4-1**の②のように電気(直流)を流さない「絶縁物」が挿入されます．この絶縁物が空気である場合が①に相当します．第1章の1-1では電気を蓄える「ライデン瓶」を紹介しましたが，②の絶縁物がガラス瓶になればまさに「ライデン瓶」です．コンデンサの目的は2枚の金属板に静電気を蓄えることです．一方の金属板にはプラスの電気が，もう一方の金属板にはマイナスの電気が等量帯電します．ただ帯電するだけなら摩擦電気の実験にとどまるのですが，このあと説明するように，帯電させたり放電させたりすることによって連続した(交流の)電流が流れます．これが重要なことなのです．

回路の図記号は同**図4-1**の③に示したようになります．**図4-1**の説明文の中の式については，このあとの節で解説します．

4-2 コンデンサの能力と容量

マラソンの選手には走る速さや持久力が要求されます．野球の投手には球速やコントロールが要求されます．コンデンサの能力として要求されるものに「静電容量」があります．単に「容量」とも言います．これは，コンデンサに同じ直流電圧を加えた場合にどのくらいの電気量が蓄えられるかを表す「ものさし」です．

第1章の**Column A**で触れたようにある単位で測定でき，大小が比較できるものを一般に「物理量」といいます．長さ，重さ，時間などはみな「物理量」の言葉で，単位はそれぞれメートル[m]，キログラム[kg]，秒[s]です．コンデンサに蓄えられる電気の量も物理量で，第1章でおさらいしたように，電気量や電荷という言葉で呼ばれます．単位はクーロン[c]で，コンデンサに同じ直流電圧(ボルト[V])

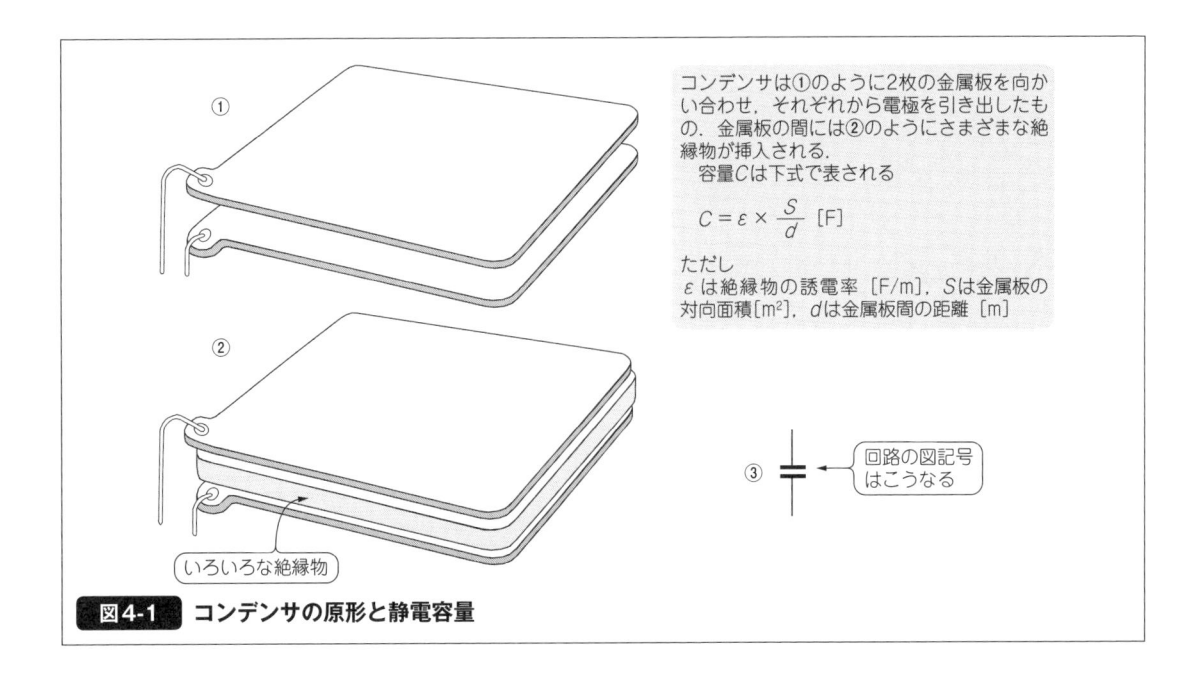

コンデンサは①のように2枚の金属板を向かい合わせ，それぞれから電極を引き出したもの．金属板の間には②のようにさまざまな絶縁物が挿入される．

容量Cは下式で表される

$$C = \varepsilon \times \frac{S}{d} \ [F]$$

ただし
ε は絶縁物の誘電率[F/m]，Sは金属板の対向面積[m²]，dは金属板間の距離[m]

③ 回路の図記号はこうなる

図4-1 コンデンサの原形と静電容量

を加えたときに蓄えられる電気量は，そのコンデンサの静電容量に比例します．

静電容量は，そのコンデンサが蓄えることができる電気量の容器の大きさのことで，いわばコンデンサの能力指数です．コンデンサを購入するときには，電圧や大きさなどの条件も示さなければなりませんが，静電容量（容量）を言わなければ話にならないほど，重要な物理量です．

さてコンデンサの容量は，図4-1に示した式のように，構造によって単純に決まります．言葉でいえば，容量（ファラッド[F]）は，金属板の対向面積[m^2]に比例し，金属板間のギャップ[m]に反比例し，ギャップに存在する絶縁物の「誘電率[F/m]」と呼ばれる物理量に比例します．誘電率 ε（イプシロン）は，材質によって異なりますが，絶縁物の電気的な性質を表す指数と理解しておきましょう．

容量の単位はファラッド[F]と紹介しましたが，ファラッドは，電磁気の研究に功績を残した，Mischael Faraday さん（図4-2）に敬意を払って設けられた単位名です．

回路図にコンデンサが存在するときは，そばに容量を記入するのが常識です．もしコンデンサの使用電圧が問題になるようなときには，そのコンデンサに記載してある動作電圧を併記するようにします．コンデンサの実力以上に電圧をかけると破壊されることがあるからです．

通常，私たちが出会うコンデンサの容量は，小さいもので1pF（ピコファラッド）前後，大きいもので数千μF（マイクロファラッド）前後です．ピコは10^{-12}，マイクロは10^{-6}なので，1Fというととんでもなく大きな容量ということになりますが，電気二重層と呼ばれる特殊なコンデンサは1,000Fというような大容量まで作れるすぐれものです．スーパー・キャパシタやゴールド・キャパシタという名前で市販されています．

4-3　コンデンサの構造と種類

コンデンサは容量が大きければよい，というものではありません．特に今後取り上げるコイルとの組み合わせ回路では，特定の小容量のコンデンサが必要になります．バリコンもその部類です．バリコン

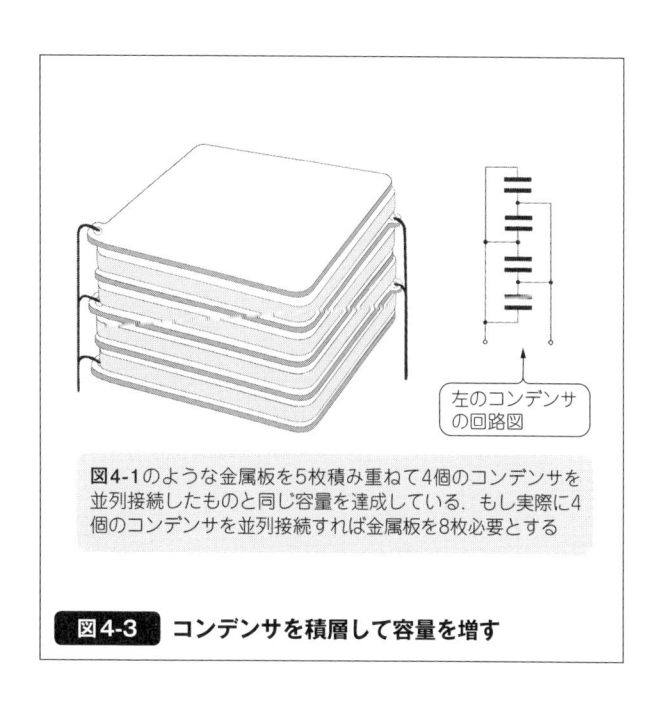

Michael Faraday
1971-1867（英）

ロンドン近くの鍛冶屋の子として生まれたが製本屋の徒弟をしつつ勉強して電磁気の研究の道を進んだ．彼の研究は電流と磁石の間の相互作用に関するものが大きく，発電機の発明に多大に貢献している．また電気分解の分野でも大活躍している

図4-2 ファラデーさん

左のコンデンサの回路図

図4-1のような金属板を5枚積み重ねて4個のコンデンサを並列接続したものと同じ容量を達成している．もし実際に4個のコンデンサを並列接続すれば金属板を8枚必要とする

図4-3 コンデンサを積層して容量を増す

についてひとこと触れると，対向した一対の金属板の一方を回転によってずらし，**図4-1**に示した対向面積Sを変化させるものです．

さてコンデンサを複数個並列に接続すると，その合成容量は，それぞれの容量の和になります．これも**図4-1**に示した面積Sが各コンデンサの面積の和になることから容易に想像できることです．

コンデンサは，形状の小さなコンデンサで，できる限り大きな容量が得られることが望ましく，一つのコンデンサの中で並列接続して効率良く容量を増やす工夫がなされています．その事例を**図4-3**に示します．**図4-3**のようなコンデンサの実際の外観は，その構造からキャラメル状の直方体ですが，絶縁物をセラミックにして金属部も円板（ディスク）状にしたセラミック・コンデンサも多く出回っています．

もう一つの工夫事例を**図4-4**に示します．これも一見して理解できると思いますが，直接対向面積を増やす方法です．こうしてできるコンデンサの実際の外観は，円筒状もしくはつぶれた円筒状になります．小型の円筒状のコンデンサは「チューブラ型」とも呼ばれます．

ギャップを埋める絶縁物の厚さや材料を変えることで容量を増やすことも行われます．材料には紙やいろいろな種類のプラスチックが使い分けられます．たとえば，ポリエチレン，ポリエステル，ポリプロピレン，ポリスチレンなどです．材料によってコンデンサの高周波特性に違いがあり，メーカーによっても異なるので，予習してから選択しましょう．

いろいろなコンデンサの周波数特性を**表4-1**に示します．

表中にセラミック・コンデンサが2種類並んでいますが，低誘電型というのは誘電率が比較的低い（4～200）セラミックを使用した，温度特性重視のセラミック・コンデンサです．高誘電型というのは誘電率が比較的高く（1,000～20,000）小形でできるだけ大容量を得る目的のセラミック・コンデンサです．

絶縁物として電解液をしみこませて作るコンデンサが電解コンデンサで大きな容量を得られるのが特徴ですが，使用電圧が数V～500V程度で，通常はプラスとマイナスの極性を守って使用する必要があります．回路の図記号は，**図4-5**に示すように，通常のコンデンサの極板の間に電解液が入っていることをシンボル化するとともに，容量，使用電圧，極性を併記します．

また，電解コンデンサの周波数特性は，**表4-1**で見るとおり上限が数百kHzとなっており，さらに高い周波数で動作するような電子機器の電源を作るときには，もっと守備範囲の広いコンデンサを使いたいという願望が出てきます．そこでポリエステルやポリスチレンのコンデンサを並列接続して，全体で周波数範囲を広げる方策がとられます．第2章 2-7「電源の製作」のところでこのような事例が出てきました．

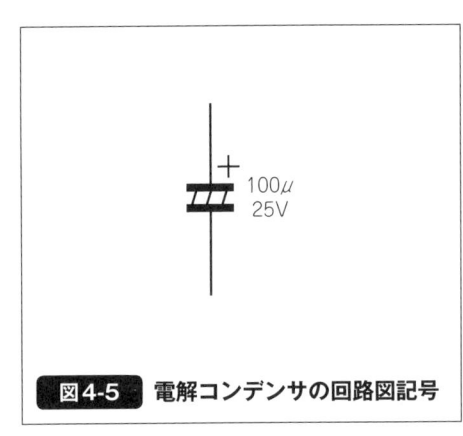

図4-4 極板を箔にして丸める

一対の金属板を長い一対の金属箔にし，紙のような絶縁物を挟んで「巻きずし」のように丸めたもの．対向面積は箔の長さと裏表の両面の効果で大きく大容量が得られる（図には絶縁物を省略してある）

二つの電極

100μ
25V

図4-5 電解コンデンサの回路図記号

コンデンサの独特な性質と使われ方 4-4

表4-1の中に電気二重層という変わった名前のコンデンサがあります．別名「超大容量コンデンサ」で，いままでファラド（F）という単位は必ずマイクロ（μ）という接頭語付きでしか使用されませんでしたが，なんとマイクロ抜きで語れるようになったお化けのようなコンデンサなのです．動作原理は従来の誘電体を用いたコンデンサとは異なる独特なものですが，物理的な理解を必要としますので紹介のみにとどめます．

電池のようなコンデンサで，マイコンやRAMの電源瞬断に備えたバックアップ回路として利用されています．雑誌の広告では，なんと2,300F（2.5V）という巨大な容量の電気二重層コンデンサがリストに載っています（22,000円などの実勢価格があります）．

4-4 コンデンサの独特な性質と使われ方

コンデンサには交流の電流を流すという独特な性質があります．なぜ独特といったかというと，いままでおさらいしたように，コンデンサの極板の間には絶縁物が入っていて，電流は流れないものと思われるからです．しかし図4-6に示したような実験をすると，電流を監視する電流計には行ったり来たりする電流が観測されるのです．つまり絶縁物というのは直流に対してだけ通用する言葉であって，交流は中を通り抜けるのです．

専門的には「変位電流」などという言葉を使って説明されますが，ここでは「コンデンサは交流を流す」と理解しましょう．

第3章の3-4でオームの法則をおさらいしましたが，抵抗器に電圧を加えると電流が流れ，その電流は，電圧を抵抗値で割った値でした．そして加えた電圧が直流であっても交流であってもこの法則が成り立つと説明してきました．

コンデンサの場合も似たような法則があります．抵抗器の抵抗値に相当する物理量はコンデンサではインピーダンスと呼ばれ，交流の周波数と静電容量の両方に反比例します．式で表すと，

$$\frac{1}{2\pi fC}$$

で，単位はオーム[Ω]です．

fは周波数[Hz]，Cは静電容量[F]です．

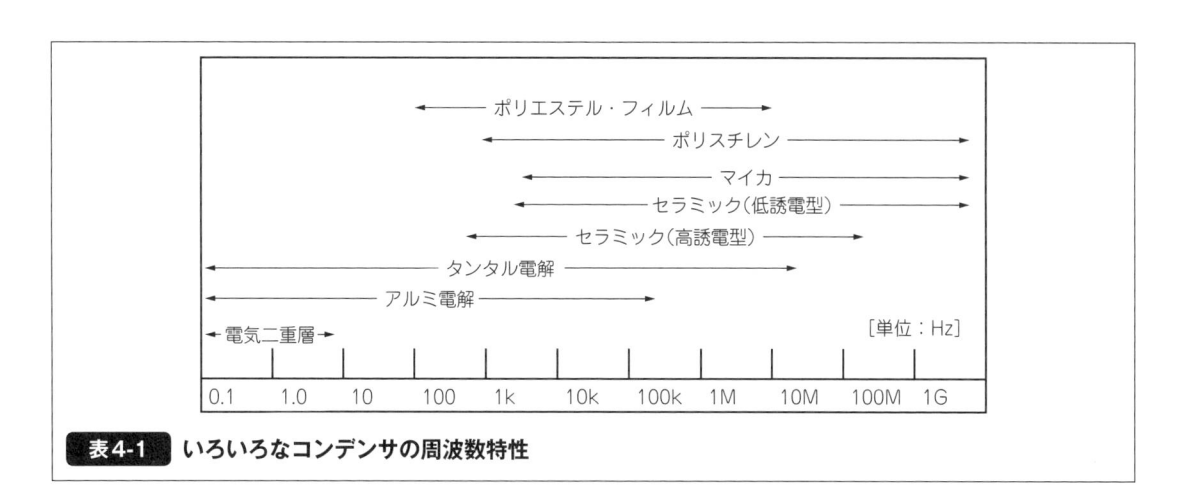

表4-1 いろいろなコンデンサの周波数特性

この関係式を知っていれば，容量が大きいほどよく交流を流し，高い周波数の交流ほどよく流すということが理解できます．もちろん直流は流しません．

回路の中ではこの性質がよく利用されています．直流が流れると困るけれど交流信号は通過させたい，というときなどにコンデンサの出番があるのです．また，二点間に交流信号が漏れているときなどにコンデンサを挿入して，漏れ電圧をショートさせるようなときにも効果を発揮します．そのほか交流を整流して直流を作る電源回路の「さざ波＝リップル」を取り除くような「平滑回路」でもよく使われます．

コンデンサのインピーダンスをオーム［Ω］といいましたが，厳密にいうと抵抗のオームと若干性質が異なります．たとえば抵抗値5Ωの抵抗器とインピーダンス5Ωのコンデンサとを直列につないでも10Ωにはなりません（抵抗器どうしなら10Ω）．

このことは少し上級の電子回路を勉強するとわかるようになりますが，ここではこの程度にとどめておきます．なお，コンデンサとコイルとを組み合わせると共振と呼ばれる特殊な状態を作ることができますが，これはコイルのときの話題に取っておくことにします．

4-5　バイパス・コンデンサ

前節ではコンデンサの使われ方をいくつかの事例を挙げて紹介しましたが，コンデンサの本来の持ち味である「バイパス」について少し掘り下げることにします．

自動車道路では，従来あった道路と並行させて作る近道をバイパスと呼んでいます．血管の患部を避け，手術によって分岐させて血液を流すこともバイパスと呼んでいます．回路の中では抵抗器やコイルも使われますが，交流の信号を速く後段に伝えるとか，インピーダンスを下げるといった要求に対して，交流信号をバイパスすることが随所に見られます．信号のバイパスができるのはコンデンサの特権で，抵抗器やコイルにはできません．というより，コンデンサの使用目的は，先述の共振以外はほとんどバイパス用途だと思っても間違いはないでしょう．

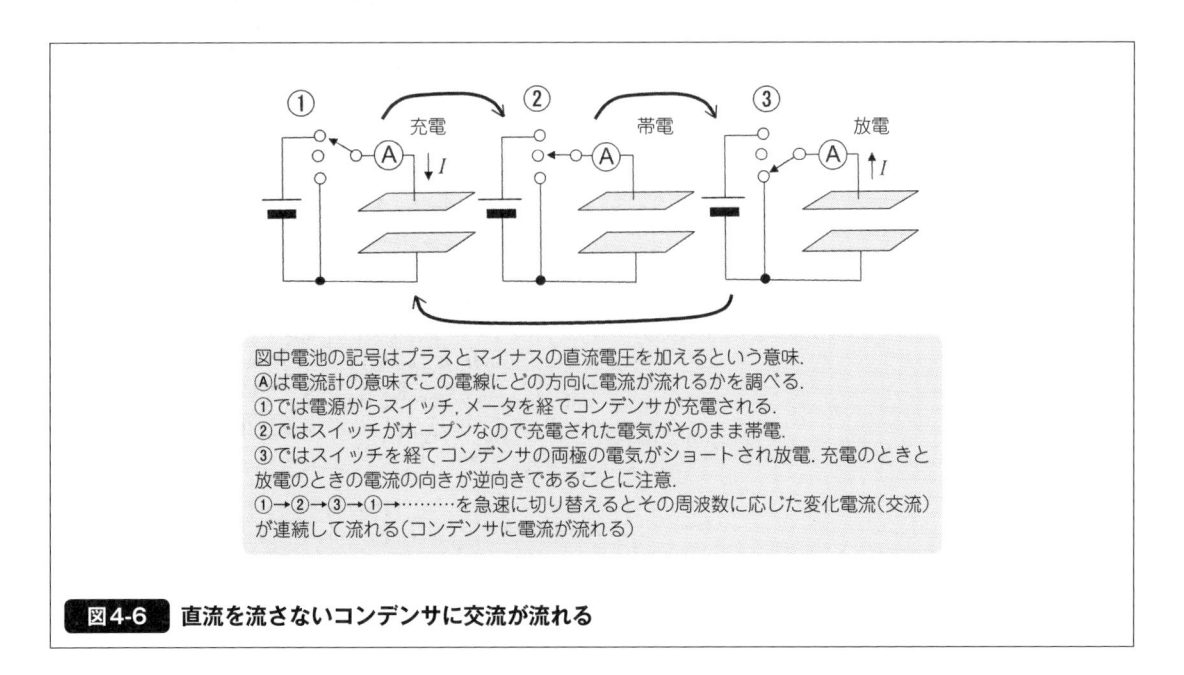

図中電池の記号はプラスとマイナスの直流電圧を加えるという意味．
Ⓐは電流計の意味でこの電線にどの方向に電流が流れるかを調べる．
①では電源からスイッチ，メータを経てコンデンサが充電される．
②ではスイッチがオープンなので充電された電気がそのまま帯電．
③ではスイッチを経てコンデンサの両極の電気がショートされ放電．充電のときと放電のときの電流の向きが逆向きであることに注意．
①→②→③→①→………を急速に切り替えるとその周波数に応じた変化電流（交流）が連続して流れる（コンデンサに電流が流れる）

図4-6　直流を流さないコンデンサに交流が流れる

しかし，コンデンサがつながっていればすべてバイパス目的であると考えるのは早計です．図4-7でどんな使い方をすればバイパスになるのかを事例によって紹介しました．

図中①は単純な470Ωという抵抗器ですが，回路全体が等価的に470Ωになっている場合も同じことと考えてください．

また470Ωというのはあくまで事例として考えてください．この470Ωをバイパスさせるのにどのようなコンデンサを使ったらよいのかを考えます．②や③のようにコンデンサを並列接続するのですが，インピーダンスが470Ωの$\frac{1}{10}$以下になるようなコンデンサを選べば，信号は470Ωの抵抗器を少ししか通らず，コンデンサのほうにバイパスされることになります．コンデンサのインピーダンスは前節でも紹介したように，

$$Z = \frac{1}{2\pi f C}$$

ですから，周波数 f が高いほど小さな C でも低いインピーダンスが得られます．

Column G　コンデンサはダイポール・アンテナのルーツ

第4章の冒頭で，コンデンサは極板の間に導体がないのに交流の電流を流すと紹介し，図4-6でもそのようすを示しました．図Gの①は再度このようすを示したものです．

説明文にもあるように，コンデンサに交流電圧をかけただけでは，抵抗分を含んでいないので電力の消費はありません．ところが同図②のように極板を少し開くと変位電流が外部にはみ出してきて電力消費が発生するようになります．②の状態では等価回路が純粋なコンデンサではなく抵抗分を含むようになります．

そして③のように極板をガバッと開いてしまうと変位電流がすべて外に流れるようになります．このとき極板の形や長さを変えてみると等価回路がいろいろなものに変化します．

アマチュア無線技士なら半波長ダイポールを知らない人はいないでしょうが，③の状態が$\frac{1}{4}$波長のエレメントを二つ備えたダイポールになれば，立派な半波長ダイポール・アンテナということになります．

すなわちダイポール・アンテナはコンデンサなのです．

（参考文献：吉本猛夫 著；「基礎から学ぶアンテナ入門」，CQ出版社）

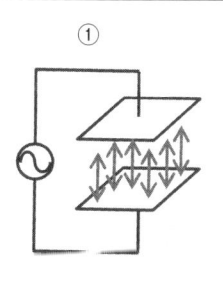

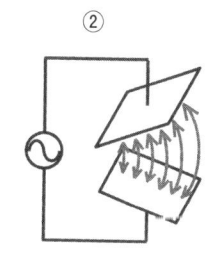

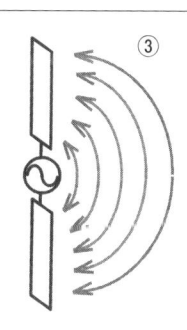

①は図4-6でスイッチをガチャガチャと切り替えたときにコンデンサのギャップ部に交流の電流が流れたようすと同じものを示す．ギャップ部の電流を変位電流と呼び，コンデンサの内部でひたすら流れているだけで仕事をするわけではない．コンデンサに交流電圧をかけただけでは電力の消費はない．
②はコンデンサの極板を少し開いてみた．閉じ込められていたエネルギーが外に出てきて，コンデンサのインピーダンスに抵抗分が発生する．
③は極板を全開したもの．エネルギーはすべて外に向かって出る

図G　コンデンサはダイポール・アンテナのルーツ

第5章 コイルのある回路

コンデンサをおさらいした皆さんにはよくおわかりのことと思います．

5-3 コイルの能力，インダクタンス

　コンデンサの能力が静電容量で評価されたように，コイルの能力はインダクタンスで評価されます．インダクタンスは記号 L で表され，単位はヘンリー[H]です．

　図4-2で，コンデンサの容量の単位ファラッドに名を残したファラデーさんのプロフィールを紹介しました．今度はコイルのインダクタンスの単位ヘンリー[H]に名を残したヘンリーさんを図5-5に紹介しておきます．

　前節でも述べたように，コイルのインピーダンスは，同じ周波数ならインダクタンスによって決まるので，小さなコイルで大きなインダクタンスを作るために，使用する芯（コア）の材料や形状にさまざまな工夫がなされています．

　材料は家庭用電源程度の低い周波数か，無線周波数と呼ばれる高い周波数か，またはその中間に位置する周波数かによって大きく異なります．しかも多くのメーカーがあり，同じメーカーでも多くの種類があります．形状もさまざまです．

　理解を助けるために，図5-6にいろいろなコイルを並べてみました．形状やコアの材質が一望できます．図でもくわしく説明しましたが，若干補足します．

(1) インダクタンスが小さくてコアの助けを借りなくて済むものは，コアのない「空心」が多用されます（⑦や⑧）．

(2) 磁力線の起点と終点とが一致していて，一周してもつながっているようなコア（①，②や⑥）を使用すると，サイズのわりに大きな L が得られます．一次コイルと二次コイルがあるトランスでは，両コイルの間に着実に磁力線が受け渡しできるので，もっぱらこの種の切れ目のないループ状のコアが選ばれます．トランスは次節で説明します．

(3) コアが有限長のもの（③，④や⑤）はコイルを作りやすい半面磁力線を外部に出したり，外からの磁力線を受けたりして思わぬ動作をひき起こすことがあるので要注意です．

(4) 図5-6では説明していませんが，前記(3)のようなトラブルは，①や②のようなループ状のコアで

プリンストン大学教授．スミソニアン研の初代所長．電磁石，モータの研究に功績がある

Joseph Henry
1797-1878（米）

図5-5 ヘンリーさん

5-4 コイルの発展形，トランス

も油断できません．たとえばテープデッキの電源トランスと磁気ヘッドとの相対的な位置や角度（向き）によっては，磁気ヘッドが電源トランスのわずかな磁気漏れを拾って「ブーン」とうなるような交流信号音（ハム）を信号の中に取り込んでしまうのです．これは抵抗やコンデンサにはないコイル（インダクタンス）固有の問題です．

5-4 コイルの発展形，トランス

前節（5-3）ではトランスという言葉を説明なしに使ってきました．正式にはトランスフォーマー（Transformer）です．変圧器あるいは変成器と訳します．

通常電源系に使われるものを変圧器，信号系に使われるものを変成器と呼んでいます．

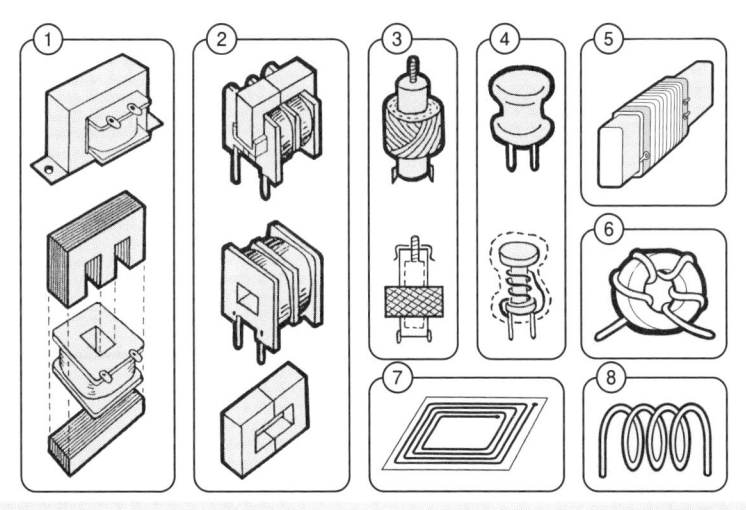

①から⑧へと番号が大きくなるにつれ使用周波数が高くなる．
①は家庭用の電源など，もっとも低い周波数に対応している．図はチョーク・コイル（塞流線輪）と呼ばれ整流回路などに使われる．コアはケイソ鋼板かパーマロイ鋼板を重ねて使い，数十H～数mH．また電源トランスや低周波トランスとしてもよく使われる．コアに鉄のカタマリを使うと，内部電流のため発熱するので一枚一枚が絶縁された薄板のコアを重ねて使用する．コアの形状はEとIとの組み合わせで，各層ごとに向きを変えることもある．
②は成型のフェライトをコアにした高周波に近い低周波トランスで，スイッチング電源などに多用される．①と同様にコアが一周してもつながっており，磁力線が途切れることなく通過するので大きなLが得られるうえ，磁力の漏れもない．Lは数十mH～数百mH．
③はハネカム状に巻いたコイルに棒状のフェライト・コアを挿入した，比較的低い高周波のコイルで，コアのネジ部を回転させることによりコアの位置を調節し，Lを可変できるようにしている．ネジの固定のため通常はシールド・ケースに収納される．Lは数mH～数μH．
④は内部を図示したように，ドラム状のコアにコイルを巻き，保護材にジャブ付けしてかためた高周波用のコイルで，Lは数mH～数μH．コアがオープンなので磁力の漏えいに注意が必要．たとえば他系統のオープンコアのコイルに磁気誘導がないよう向きを変えるなど要注意．
⑤は基本的に④と同構造．長中短波に使用されるフェライト・アンテナで，丸棒のコアもある．コイル位置を移動させてLを調節する．
⑥はドーナツ状のコアでトロイダル・コイルと呼ばれる．磁力の漏れはないが電線の巻きかたが面倒なので巻き数が多いものには不向き．
⑦はフィルムや基板に印刷したコイル．もちろんコアは使ってない．
⑧はコアなしのコイルで空心コイルと呼ばれる．ドリルの刃などに巻いて作る．右ネジコイルにしておけばあとからネジコアを挿入してコア入りのコイルに変身できる．VHF帯やUHF帯で使用できる．プラスチックのドライバでコイルの間隔を変えたり，ときには一回分を逆方向にねじったりしてLを調節する

図5-6 こんなにいろいろなコイルがある

前々節(5-2)では**図5-3(b)**のコイルと**図5-4**のコイルが同一のものと考えて逆向きの電流が発生するメカニズムを見てきました．今度はこの二つのコイルが別のコイルと考えましょう．

図5-7ではトランスの中で何が起こっているのかをまとめました．ひとこと補足しますと，理想的な電源トランスでは，二次側に何も（負荷が）つながっていないときは電力の消費がないので，一次側にも電力は流れ込みません．このため電源スイッチを二次側に設けた家電商品を多く見受けますが，二次側の電圧が低ければ，二次側のスイッチのほうが，100V用のスイッチよりも安価に入手できるからでしょう．

5-5 コイルの記号の読み方

抵抗器やコンデンサと同様，小形に作られている高周波用のコイルにも定格を表す記号があります．これを**表5-1**に示します．通常は3数字法を覚えておけば問題ないでしょう．

5-6 コンデンサとの組み合わせと共振

コイルをコンデンサと組み合わせると「共振」という面白い現象を作り出すことができます．ラジオやテレビの中間周波増幅器や，フェライト・アンテナとバリコンを組み合わせたラジオの選局回路が代表的なものです．

LやCのインピーダンスを複素数によって計算していくと，数式の上でインピーダンスがゼロになったり無限大(∞)になったりして，これぞ共振といった性質がはっきり示されます．しかし，このシリーズではできる限り面倒な数式を使わずすませようとしているので，**図5-8**に示すように，もともとのLやCのインピーダンスを活用し，周波数の低い部分はCを無視してLのみを考え，周波数の高い部分はLを無視してCのみを考えるようにして，LとCの力関係が等しくなるところで共振が起こるということにしました．

結論は「コイルとコンデンサを並列接続すれば，**図5-8**に示した周波数で共振が起こり，合成インピーダンスは無限大(∞)になり，直列接続すれば合成インピーダンスはゼロになる」というものです．実際にはコイルにも抵抗分があるので完全に無限大やゼロではなく，それに近い値をとるということになり

3数字法（E12，E24など）

記号	R10	R47	1R0	4R7	100	471	472
μH	0.10	0.47	1.0	4.7	10	470	4700

第1，第2数字は標準数の有効数字2桁を示す．
第3数字はこれに続くゼロの数．小数点があればRで表す．

4数字法（E48以上）

記号	R100	R475	1R00	4R75	10R0	4750	1001
μH	0.100	0.475	1.00	4.75	10.0	475	1000

第1，第2，第3数字は標準数の有効数字3桁を示す．
第4数字はこれに続くゼロの数．小数点があればRで表す．

表5-1 標準数の記号化の事例

ます．共振を利用した電子回路の事例を図5-9に示します．

5-7　まっすぐなコイル

　コイルはグルグル巻きしてあるものばかりとは限りません．図5-1を思い起こしてください．一本の電線でも電流が流れれば周囲に磁力線ができますが，磁力線ができるということはレンツの法則で逆起電力が発生するということです．つまり電線一本でもコイルと同じ働きがあります．周波数がひじょうに高い場合には，わずかなインダクタンスも無視できませんが，その実例を図5-10に示しました．
　このことはひじょうに重要なことで「あーそうか」で終わらせないでください．たとえばコンデンサや抵抗器のリード線がコイルと同じ働きをするということなので，高い周波数で使用する電子部品のリード線は極力短く配線するように心がけてください．

5-8　Lの調整棒

　金属には磁石によく着くものと着かないものがあります．よく着くものは強磁性体と呼ばれ，鉄，ニッ

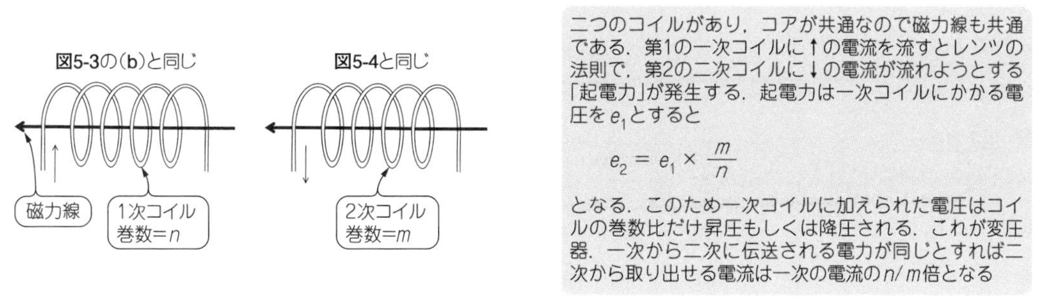

図5-7　トランスの考え方

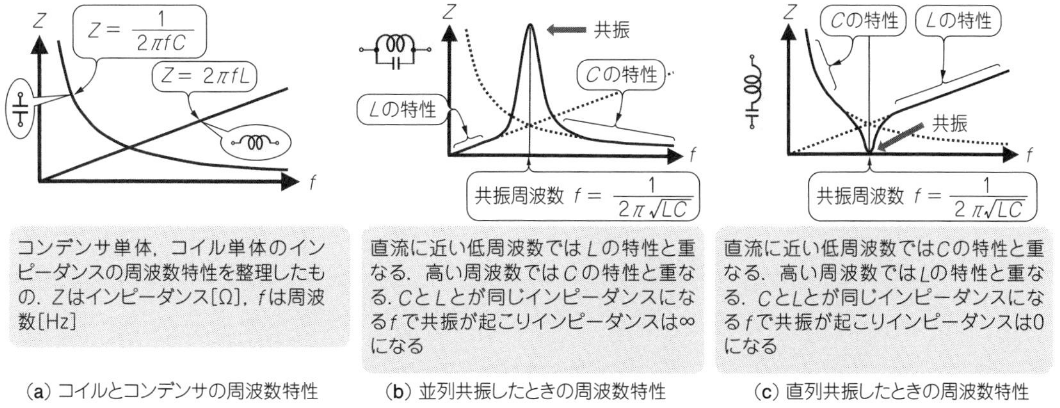

二つのコイルがあり，コアが共通なので磁力線も共通である．第1の一次コイルに↑の電流を流すとレンツの法則で，第2の二次コイルに↓の電流が流れようとする「起電力」が発生する．起電力は一次コイルにかかる電圧をe_1とすると

$$e_2 = e_1 \times \frac{m}{n}$$

となる．このため一次コイルに加えられた電圧はコイルの巻数比だけ昇圧もしくは降圧される．これが変圧器．一次から二次に伝送される電力が同じとすれば二次から取り出せる電流は一次の電流のn/m倍となる

図5-8　コイルとコンデンサによる共振

(a) コイルとコンデンサの周波数特性

$Z = \dfrac{1}{2\pi fC}$　　$Z = 2\pi fL$

コンデンサ単体，コイル単体のインピーダンスの周波数特性を整理したもの．Zはインピーダンス[Ω]，fは周波数[Hz]

(b) 並列共振したときの周波数特性

共振周波数 $f = \dfrac{1}{2\pi\sqrt{LC}}$

直流に近い低周波数ではLの特性と重なる．高い周波数ではCの特性と重なる．CとLとが同じインピーダンスになるfで共振が起こりインピーダンスは∞になる

(c) 直列共振したときの周波数特性

共振周波数 $f = \dfrac{1}{2\pi\sqrt{LC}}$

直流に近い低周波数ではCの特性と重なる．高い周波数ではLの特性と重なる．CとLとが同じインピーダンスになるfで共振が起こりインピーダンスは0になる

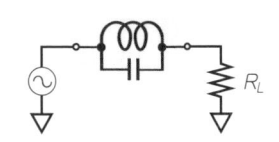

第5章 コイルのある回路

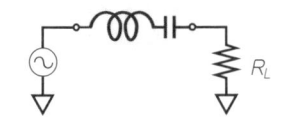

(a) 特定周波数を阻止
交流電源の中にいろいろな周波数があっても並列共振したLC回路は共振周波数近辺の成分をとおさない．R_Lは負荷の意味

(b) 特定周波数を通過
交流電源の中にいろいろな周波数があっても直列共振したLC回路は共振周波数近辺の成分のみをとおす．

図5-9 共振回路の使用例

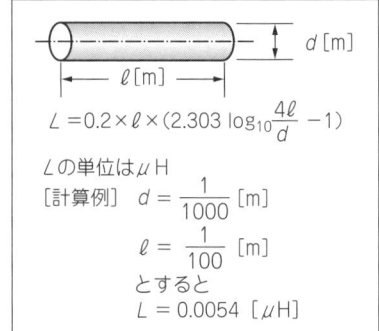

$$L = 0.2 \times \ell \times \left(2.303 \log_{10}\frac{4\ell}{d} - 1\right)$$

Lの単位はμH

[計算例] $d = \dfrac{1}{1000}$ [m]

$\ell = \dfrac{1}{100}$ [m]

とすると

$L = 0.0054$ [μH]

図5-10 直線電線のL

Column H　フィールド型ダイナミック・スピーカ

電子回路では，コイルを電磁石として使用する代表例にリレーがあります．そのリレーも半導体を使ったソリッドステート・リレーによる無接点リレーが台頭してきてそれぞれの持ち味を生かした活用が図られています．

コイルを電磁石として使用するのはリレーだけではありません．スピーカに興味のある人はご存じでしょうが，昭和20年代以前のラジオのスピーカは，ほとんど例外なくマグネチック・スピーカと呼ばれる，永久磁石の間に振動片をもったコイルを入れ，音声電流の変化をコーン紙の中央に伝えて音を発生させていたものです．マグネチック・スピーカはコイルを電磁石として使用するりっぱな事例ですが，昔話になってしまいました．

同じ時代にはマグネチック・レシーバというものもありました．これは「コの字」型のコアをもつ電磁石に音声電流を流し，電磁石の両極に接近した薄い鉄板を振動させて音を出すもので，クリスタル・レシーバや今日のマグネチック・イヤホンが出てきたら姿を消してしまいました．

さてコイルを電磁石として豪快に活用したのは何といっても，今日のダイナミック・スピーカの前身にあたるフィールド型ダイナミック・スピーカです．これも昔話になってしまうのですが，**図H**は中島無線というラジオ，テレビの部品商社から発行されたカタログ誌のページからコピーして紹介したものです．カタログ誌の発行は昭和28年となっていますから，いまから60年近くさかのぼることになります．

今日ではダイナミックスピーカは永久磁石を使うのが常識ですが，それ以前はこのような電磁石方式のスピーカだったのです．カタログ誌には，同じページに今日方式のダイナミック・スピーカも載っており，名前は「パーマネント型」でした．

フィールド型スピーカは，**図H**の②にあるように，この励磁コイルを電源の平滑回路のチョークコイルとして使います．電磁石部分の巻線抵抗は2,000 Ω前後で30mA流せばこの部分で60V前後の電圧降下が生じます．いいかえると，この電磁石は60Vの電圧をかけて励磁しているといえます．

ハークという銘柄のスピーカは当時美望の的だったことを思い出します．**図H**の①にも述べたように5,000円ですから60年前ということを考えると結構なお値段だったと思います．そしてお値段の表示が円単位で終わってなく，銭まで予約された表示になっているところに思わずニンマリしてしまいます．

ハーク12吋フィールド型．出力30Wで5,150.00円（円未満の銭のところにも2ケタの数字が予約されているのが懐かしい感じ）

ここにギッシリと励磁用のコイルが巻かれている

① フィールド型スピーカ

整流管のカソードから　スピーカのフィールドコイル　出力

② 使い方

図H フィールド型スピーカとその使い方

Lの調整棒　5-8

ケル，コバルトとその合金です．磁石に着かないものには二つの種類があり，白金，アルミニウムなどの常磁性体と，銀，銅，鉛などの反磁性体があります．

　面白いのはこの反磁性体で，ファラデーさんの実験によると，磁石の間に鉄をつるすと，磁力線にそって位置するのに対し，磁力線と直角の方向に位置するものがあることを発見しこれを反磁性体としたとされています．

　これだけだと「あーそうか」で終わるのですが，これを活用する事例を紹介しましょう．

　AMラジオではフェライト・アンテナを使用し，コアの上でコイルを移動させてLを調整しますが，コアの中央部に向けて移動させるのがよいのか，外側に向けて移動させるのがよいのか，動かしてみなければわからないのが普通です．そのようなとき，別のフェライト材をアンテナのコアの端に近づけて感度がよくなるようであれば，Lが不足していると判断し，Lを増やすためにコイルをコアの中央部に

Column 1　ラジオゾンデ

　ラジオゾンデ(radiosonde)という言葉をご存じでしょうか．ラジオゾンデはドイツ語で，気球によって約3万kmまでの上空の気象を観測し，無線でデータを送ってくる測定器のことです．気球は約3万kmで破裂して測定器は落下し，お役目が終了になります．詳細はインターネットでも紹介されていますが，ここではその電源に関係する興味ある話題を紹介します．

　まだトランジスタがなかったころは，ラジオゾンデからの送信には真空管が使われました．真空管は比較的高い電圧を必要としますが，電池を何個も直列接続したのでは重量が増え，気球の負担が大きくなります．いまならリチウム電池を積層する方法もありますが，当時は電池から大きな電圧を直接作る工夫がなされました．図1に示す写真はその現物，回路図はその原理を示すものです．

　昭和20年代にはこのようなパーツが部品屋さんで入手できました．というのも，少ない電池で真空管を動作させ，携帯型のラジオを作ることは無線愛好家の共通の願望だったからです．写真は筆者が実際に購入したラジオゾンデ用の昇圧トランスです．仕様書の類は散逸してしまいましたが，本体は健在です．

　回路図を見るとすぐに原理がわかると思います．昇圧トランスと呼びましたが，一次側がブザーと同じ原理になっており可動片の接点は導通状態で待機しています．電流が流れるとアンペールの法則で磁力線が発生し可動片が吸いつけられて接点が開き，電流がとぎれます．同時に二次コイルにはレンツの法則により巻数比に応じた電圧が発生します．60年近くたった現在，接点を洗浄剤で清掃した後一次側に単三の電池をつなぎ，二次側の波形をオシロスコープで観測しましたが，バッチリ安定した波形が観測できたのには驚きでした．周波数は約800Hzで，接点近くに耳を近づけて振動音を聞いてみましたが，かわいい「チー」という音が聞こえ，しかもひじょうに安定した動作でした．

　二次側の波形は弛張発振並みのかなり乱暴な波形でしたが，ブザーとトランスを組み合わせて波形を何とかすれば，現在でも通用する昇圧器ができるのではないかと，興味をそそる実験になりました．

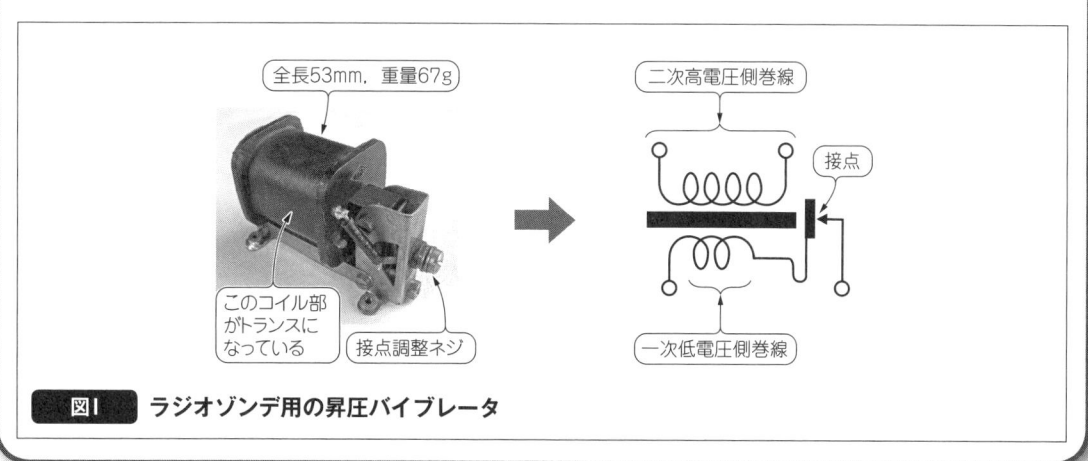

図1　ラジオゾンデ用の昇圧バイブレータ

（全長53mm，重量67g／このコイル部がトランスになっている／接点調整ネジ／二次高電圧側巻線／接点／一次低電圧側巻線）

向けて移動させればよいことがわかります．反磁性体の銅の棒を近づけて感度がよくなるようであればLが大きすぎると判断し，外側に向けて移動させればよいことがわかります．

実験の現場ではϕ10mm×100mm長程度のプラスチック棒に，一方にはフェライト片，他方には銅片を接着させたものを常備し，調整棒としてコア調整の予測に利用すると便利です．ただしこの方法は中短波程度の高周波に限られます．

Column J　直列共振回路のマル秘活用

ここでは無線の技術者なら少なからず興味をそそる話をします．

パソコンショップなどで，ソフトウェアの商品の箱に**図J**の①に示したようなバーコードのシールが貼られていることがあります．このバーコードのシールは「Paid」と印刷されたお買い上げシール②が貼られているので全貌は見えていませんが，お金を払う前はこのお買い上げシールは貼られていません．このバーコードのシール①の裏側の写真が③です．

図Jで説明したとおり，周囲がコイル，中央がコンデンサになっていて，全体で直列共振回路を構成しています．

ディップ・メータを使用された方は経験があるでしょうが，直列共振回路を近づけると，共振周波数でメータの針がピクンとディップします．それと同じように，この商品をレジを通らずに店から持ち出そうとすると，店の出入り口のゲートの電波で感知され万引きの疑いで係員が駆けつけることになります．レジでは，お買い上げシールをバーコードのシールの上からピタッと貼り付けます．材質はアルミ箔になっており，共振状態が崩れて，ゲートを通っても感知されなくなるのです．

ちなみに手もとにあるバーコードシールをディップ・メータで測ったら，約8MHzでした．盗難防止には，磁気的なシステムもありますが，店によって少しずつ工夫を凝らしているようです．アルミ箔は切れ目が多く簡単にはがせないようになっていますが，念を入れてていねいにはがして持ち出すことがないようにしてね．

また，商品を購入した後で，ていねいにアルミ箔をはがし，手帳などにはさんで持ち歩かないでね．またさらに，そのようなシールを，人の背中に張り付けるようないたずらはやめてね．

ちなみに店の出入り口にあるゲートについては，心臓の悪い方が植え込み型除細動器（ICD）を使用しているときなどには，ゲートに寄りかからないよう，厚生労働省から指針が示されています．

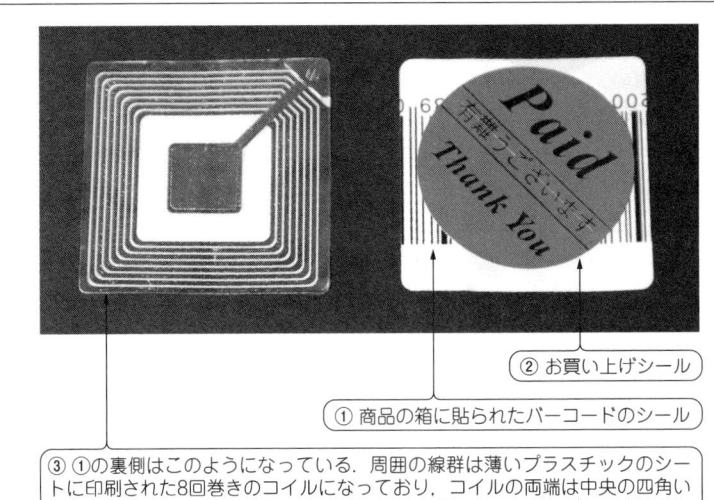

② お買い上げシール

① 商品の箱に貼られたバーコードのシール

③ ①の裏側はこのようになっている．周囲の線群は薄いプラスチックのシートに印刷された8回巻きのコイルになっており，コイルの両端は中央の四角いパターンでプラスチックのシートの両面から向かい合ったコンデンサを形成している．すなわちコイルとコンデンサで直列共振回路を構成している

図J　盗難防止シールの技術的構造

5-9　位相のはなし

ひととおりコンデンサとコイルを見てきたところで，将来のために難しい話題を提起して皆さんを悩ませることにします．

いままで変化する電流をおおざっぱに「交流」と呼んできましたが，厳密な定義によると，「向きと大きさが時間に対して周期的に変化し，その平均値がゼロになるような電圧（電流）をいう」となっています．そしてその時々刻々の変化は三角関数による正弦波で表現するのがオーソドックスな方法となっています．正弦波は発電機を考えるときにも実態に即したものですが，数学の力を借りて分析をするのにも最適な手法です．

数学の力，特に微積分の力を借りて解析した結果，図5-11に示すような，ビギナーにとって理解しがたい結論が得られています．すなわち「ある交流源から抵抗器に電圧をかけると，その交流源と同じ波形の電流が流れるのに対し，コイルやコンデンサに電圧をかけると，流れる電流は交流源の波形とは異なった電流が流れる」というものです．抵抗器に電圧をかけた場合，その電圧波形と同じ波形の電流が流れることについては誰も疑う余地はありません．電圧と電流の関係が，どの一瞬一瞬もオームの法則にしたがっているからです．悩ましいのは後半の，電圧波形とは異なった電流が流れるというところです．加えた電圧の瞬時値が最大のときでも，電流の瞬時値は最大になるとは限らないのです．

図5-11のように負荷が純L（コイルのみ）のときや純C（コンデンサのみ）のときには90°（$\pi/2$）の位相ずれが発生します．負荷が純Lや純Cでなく抵抗分Rを含むとか，L, C, Rが混在するときには90°（$\pi/2$）以外の位相ずれが発生することになります．

基準となる波形から時間軸上どのくらいの時間差があるかを「位相」と呼びますが，接続する回路によってこのような位相ずれが起こるということを知れば，さきざき「帰還」を考えるときの予備知識として役に立ちます．「帰還」は第11章で扱います．

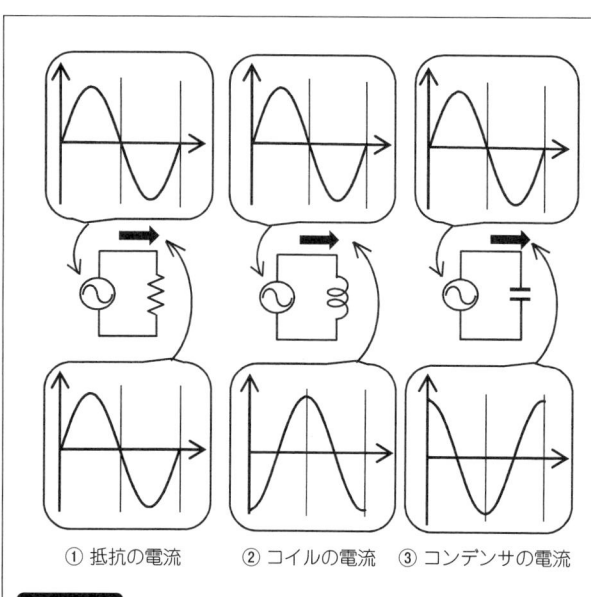

①, ②, ③とも加える電圧は同じ波形である．
しかし流れる電流の波形はまるで異なる．
①の抵抗に流れる電流波形のみ電源の波形と同じ

① 抵抗の電流　　② コイルの電流　　③ コンデンサの電流

図5-11　負荷によって電流の位相が変わる

Column K　バランについて

　私たちがトランジスタを中心に組み立てる機器は，信号の受け渡しは通常「不平衡」の線路です．「不平衡」すなわち信号線の2本のうちの一方がグラウンドに落ちている方式です（グラウンドにつながっていることを「グラウンドに落ちている」といいます）．
　トランジスタ増幅器など接地方式が定められている場合や，同軸ケーブルを使って信号を受け渡すときなどには，不平衡の信号方式にせざるを得ません．トランジスタの接地方式については第8章で詳しく説明します．
　ところで，周囲を見渡すと不平衡だけでは都合の悪いことがあります．たとえば不平衡方式の信号というのは，一方がグラウンドですから，グラウンド側でないほうの雑音を拾って信号の質（雑音特性）を落とす心配があります．そのときには信号線2本をペアにして，対大地特性を平等にするなどの工夫が求められます．
　高精度の計測器はほぼ例外なくこの事例にあたります．平衡信号の受け皿は，平衡入力を得意とするOPアンプが担当します．OPアンプは第10章で詳しく説明します．
　また，アンテナについても，平衡族と不平衡族があります．
　大地を一方の極にし，アンテナ本体（ラジエータ）から電波を放射するようなアンテナ系は不平衡族の代表格です．ポータブル・ラジオのロッド・アンテナも不平衡族です．
　しかし地上に高く設置した八木アンテナの多くやダイポール・アンテナは平衡族です．
　テレビが地デジ化して，アナログ全盛時代に活躍した300Ωの平衡給電線が影をひそめつつありますが，これもれっきとした平衡族です．
　このように世の中の信号方式には平衡，不平衡の両方が必要であることをまず認識しましょう．
　本章は本来コイルについて知識を深める章で，まだ第5章なのですが，アンテナ，OPアンプなどまだ説明していない術語が次々に出てきて戸惑うことと思います．しかし，のちのち説明するような話を先取りしてまで平衡，不平衡の概略を説明しなければならないことについては理由があります．
　それは不平衡の信号を平衡に変換する装置，この逆についても同様ですが，その役割を担うのがコイルだからです．
　ではその装置の説明に入ります．**図K-1**はめがね型バランと呼ばれる，先述のアナログ・テレビ全盛時代の変換装置です．**写真K-1**に示します．
　バランというのは，「Balance to Unbalance Transformer」の「バランス＋アンバランス」結合の造成語です．このバランの大掛かりなものに送信用のアンテナに使用するバランがあります．コアや巻線が大きいほか，対雨水対策などいろいろな工夫が施されますが，原理は小さい規模のものも同じです．
　図K-2にもう一つのバランを紹介しました．このような簡単な装置で平衡と不平衡が変換できるのです．
　図K-2で負荷抵抗R_Lに中点を設け入力と出力の波形を観測すると，出力側の両端子には，入力の半分の大きさで，それぞれ極性が異なる（プラス，マイナス）の波形が見られます．

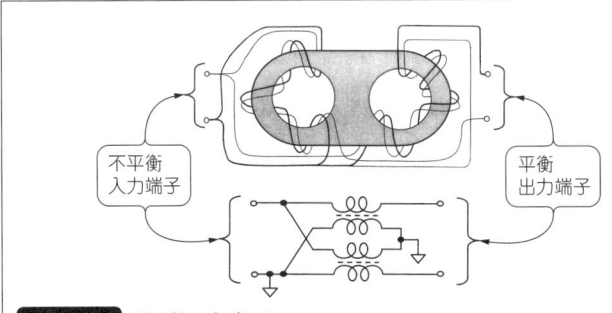

図K-1　めがね型バラン

めがね型バランと呼ばれる「不平衡→平衡」の代表的なバランで，テレビ用の75Ω不平衡の給電線から300Ω平衡の出力を得るもの．
実体図では2本の線を区別するために太い線と細い線で表現してある．右側のグラウンド・マークをちょっと意識の外において考えると，不平衡入力は直列になった二つのコイルに加えられ，反対側の巻線に電圧が誘起される

写真K-1　めがね型バランの外観

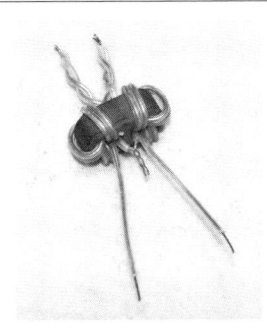

図K-1に示しためがね型バラン．透明なチューブをかぶった赤色と銀色のφ0.4の導線が互いに密着並行して巻かれている．色分けしてあっても現物を見ただけでは線がどのようにつながっているのかよくわからないほどギューギュー

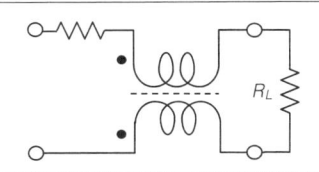

図K-2　もう一つのバラン

もう一つの代表的なバラン．不平衡の入力から入った電流は行きと帰りで互いに磁界を打ち消しあうので，チョークコイルが入っていないように機能するが往復の電流を一体と考えると，あたかもチョークコイルが入っていて入力と出力が切り離された形になっている

第6章

半導体の基本とダイオード

　この章以降は半導体の回路が中心となります．昔の電子回路は真空管が主人公でしたが，今日では半導体抜きには語れません．その半導体の種類も多く，規格表が何冊にもなることはすでに体験済みかと思われます．しかも集積回路となるとデジタル分野まで含まれてくるので種類も複雑さも一段と広がり，のぞき見るだけでもため息が出ます．それほど奥の深そうな半導体ですが，本書ではリニアに限ることにし，ICも汎用性のあるオペアンプに的を絞ることにします．

　半導体は，ダイオード，トランジスタ，およびFETが基本ですからこれらを順次おさらいすることで半導体のオーソリティになれることでしょう．

　まずは半導体の基本と，昔の鉱石ラジオのイメージを引き継いだダイオードから入ることにします．

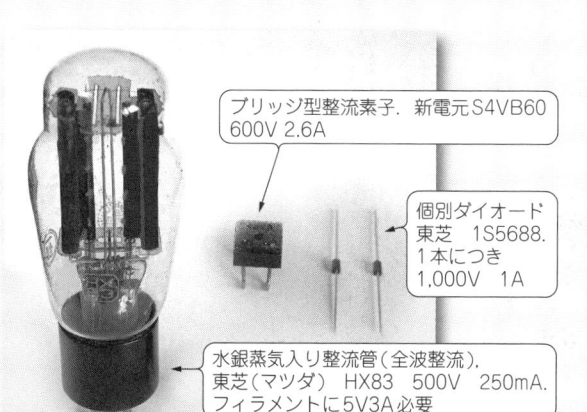

ブリッジ型整流素子．新電元S4VB60
600V 2.6A

個別ダイオード
東芝　1S5688．
1本につき
1,000V　1A

水銀蒸気入り整流管（全波整流）．
東芝（マツダ）　HX83　500V　250mA．
フィラメントに5V3A必要

　題して「整流器の今昔」です．真空管時代の整流管といえば「5Z3」という王者が君臨していました．HX83はそれを水銀蒸気入りにしたもので定格は同じです．この定格と右にあるダイオードとを比べてみてください．新電元のS4VB60はブリッジ型ですから，トランスの2次巻き線は全波整流のときの半分で済みます．

　ダイオード1S5688は全波にもブリッジにも対応します．いずれもこのサイズで整流管を凌駕していることに時代の流れを痛感します．整流管はフィラメントに15Wも使うのですよネ．

6-1 半導体は導体？

　私たちはダイオードやトランジスタなどを総称して半導体と呼んでいます．半導体とはなんとも不思議な言葉ですね．導体なのでしょうか，半分導体というものがあるのでしょうか．ダイオードやトランジスタを使いこなせるようになる前に，半導体のことを知っておきましょう．少し退屈な知識も扱いますが，この知識がダイオードやトランジスタの理屈をおさらいするうえで不可欠です．ちょっとだけ我慢してがんばってみましょう．

　表6-1は，半導体が導体や絶縁体とどんな位置づけにあるのかを示したものです．さまざまな書籍でも紹介されています．比較するものさしは「抵抗率」という物理量です．抵抗率とは表中に示したように，特定の形状を想定したいろいろな物質の抵抗値のことです．早い話が電気の流れにくさを図表にしたものです．この表での結論は，半導体はよく電気を流す「導体」と電気を流さない「絶縁体」の中間にある物質ということになります．ではなぜこんなに抵抗のある物質が電子回路に使われるのでしょうか．抵抗器でもないのに．

　その秘密は**図6-1**で解き明かされます．**表6-1**にあるシリコンやゲルマニウムは半導体と呼ばれていますが，はじめは**図6-1**の①に示したように電気を流さない「真性半導体」なのです．これに**図6-1**の②

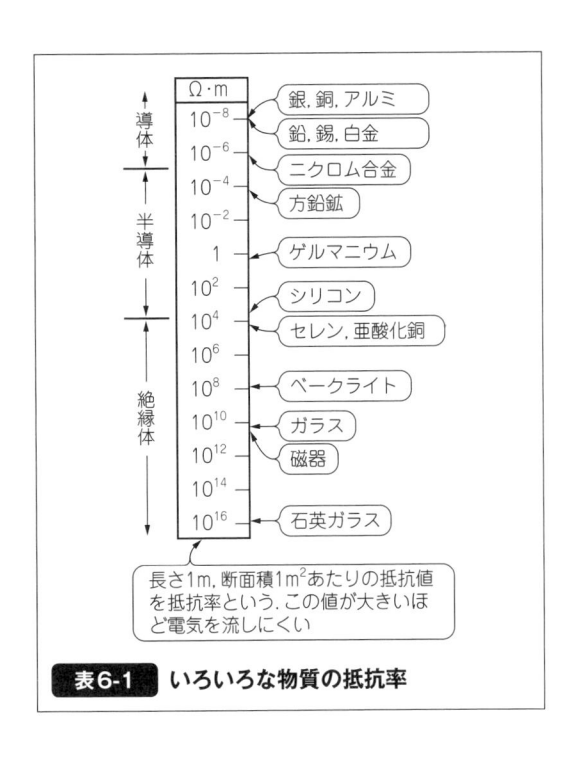

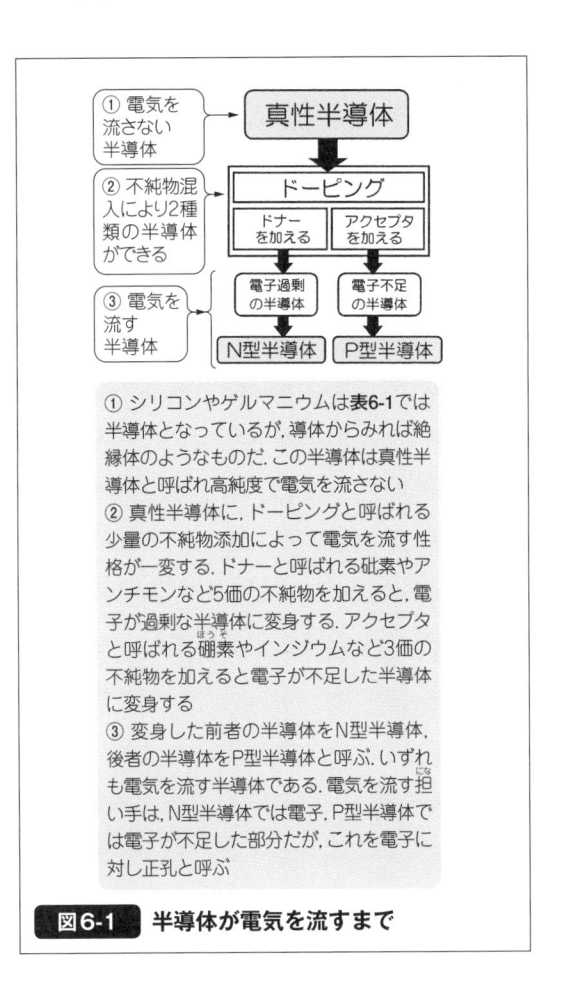

表6-1 いろいろな物質の抵抗率

図6-1 半導体が電気を流すまで

ダイオードの原理 6-2

のようなドーピング処理を行うことによって，電気を流す2種類の半導体が生まれます．ドーピングは半導体の性格をガラッと変えてしまうのです．スポーツの世界のドーピングとも似ていますね．

電気の運び屋は，図6-1の③に述べたように，N型半導体の場合は電子，P型半導体の場合は「電子が不足した部分」ということです．いちいち「電子が不足した部分」というのはわずらわしいので，電子が不足して孔があいたところという意味で「正孔」と呼びます．

ドーピングによって生まれた半導体の中の電子や正孔は，摩擦によって帯電するマイナスの電気（＝電子）やプラスの電気と似た印象を受けますが，分子レベルで電子が過剰であったり不足したりするもので，帯電した電気が放電によって中和され，なくなってしまうような静電気ではありません．電子や正孔の具体的な働きはこのあとダイオードなどの動作説明の中で解説していきます．

とりあえずここまでは電子過剰のN型半導体と正孔過剰のP型半導体という，電気をよく流す半導体があるというところまで認識しておきましょう．

● 6-2　ダイオードの原理

ダイオードはP型半導体とN型半導体とが結合されてできたもので，これをPN接合と呼びます．ダイオードにも点接触など接合とはいいきれないものもありますが，一般的な接合ダイオードについて考えることにします．

図6-2は，PN接合がP型半導体側からN型半導体側へ一方向にしか電流を流さない性質があることを詳しく説明したものです．

結論を図6-3に整理しました．図6-3にはダイオードの図記号も示しましたが，一方向にしか電流が流れないことを象徴的に表しています．ダイオードにも発光ダイオード（LED）をはじめ特殊なダイオードがあり，図記号もこれとは異なるものを使っていますが，ここでは標準的なダイオードを考えます．

図6-3の結論を理解していれば図6-2の理屈はとりあえず忘れてもいいでしょう．ただ図6-2のような電子と正孔を使った解説は，トランジスタのところでもう一度顔を出します．

図6-2　PN接合（ダイオード）

① PN接合

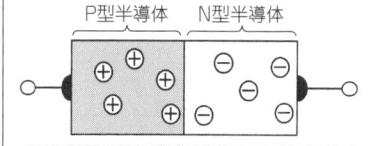

真性半導体を半分ずつ処理してP型とN型がくっついた状態にした．PN接合と呼ばれる．決して接着したものではない．P型の中には正孔が，N型の中には電子が存在している

② P型に電源の－を，N型に＋を加えた

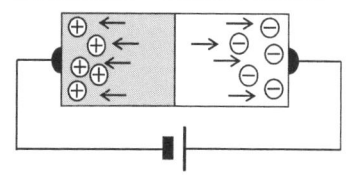

正孔は電源の－（マイナス）にひかれて電極に集まり，電子は電源の＋（プラス）にひかれて電極に集まる．帯電した電気ではないので中和して消滅するわけではない．これ以上変化はない

③ P型に電源の＋を，N型に－を加えた

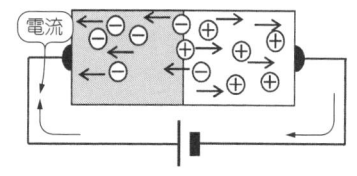

正孔はN型電極の－（マイナス）電源にひかれ接合面を乗り越えて移動し，極に到達して消滅する．電子はP型電極の＋（プラス）電源にひかれ接合面を乗り越えて移動し，極に到達して消滅する．移動した正孔の後には電源から＋の電気が注入され，移動した電子の後には電源から－の電気が注入されて継続して正孔と電子の移動が続く．その結果，電源の＋→P型→N型→電源の－と電流が流れる

ところで，ダイオードに加える電圧と流れる電流の関係には少し注意することがあります．厳密には，ダイオードに電流が流れる方向に電圧を加えさえすればどんな小さな電圧に対しても電流が流れるというものではありません．やっかいですね．

図6-4に示したように，ある電圧値を超えなければ電流が流れ始めないのです．その電圧をV_F（順方向電圧，ブイエフ）と呼んでおり，英語で「Threshold」といいます．その意味は「しきい」で，「しきい」をまたがなければつぎの行動に移れないのです．この値は小信号のシリコン・ダイオードでは0.6V～0.7V，ゲルマニウム・ダイオードでは0.2V前後というように差異があります．

この「0.6V」はのちのちトランジスタ回路を設計するときにひんぱんに現れるので，記憶にとどめておいてください．

図6-4の内容をいいかえれば，電流が流れているときのダイオードの両端の電圧は一般のシリコン・ダイオードでは0.6Vである，ということです．

6-3　ダイオードによる整流とAM波の検波

これから先はさまざまなダイオードの特性と活用方法を順次紹介します．

はじめに，なんといってもダイオードの最大の活躍分野は一方向にしか電流を流さない性質を利用した回路です．

整流については**図2-6**でも紹介しましたが，その中で一番簡単な回路「半波整流回路」は回路の構成がAMラジオの検波回路と同じです．もう一度この回路を**図6-5**に取り上げました．この回路で入力の大きさを変化させてやれば，出てくる直流電圧はその変化に応じて変化します．ある条件に注意しなければいけませんが，この変化が音声信号の大きさであった場合には出力には音声信号が得られることになります．

図6-5の説明文の中でも，同じ回路でAM波の検波ができることを書きましたが，AMの検波回路に的を絞って，**図6-6**に説明をつけ加えました．

図中にも示したように，回路の形は半波整流回路と同じですが，コンデンサの容量しだいで本来の検波回路になるか，整流回路になってしまうかのちがいが出てくるのです．

さきほど「ある条件に注意しなければならない」と述べたのは，このコンデンサの容量を低周波信号が残る程度に小さくするか，まったく平坦な直流になるほど大きくするかといった容量選びのことです．

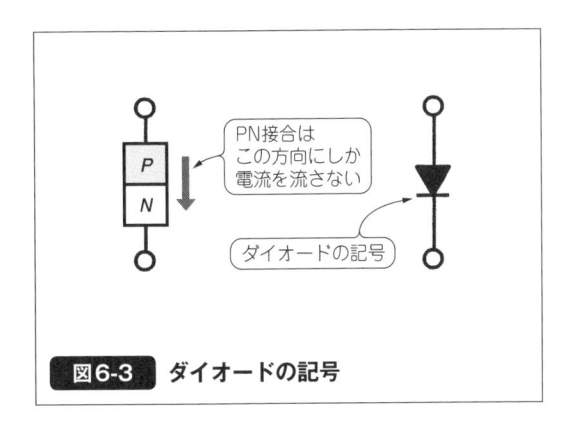

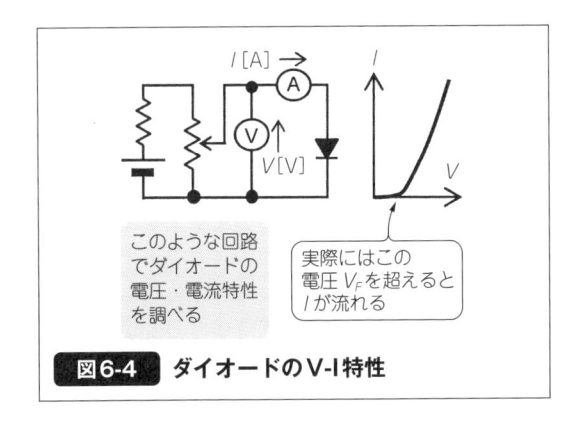

図6-3　ダイオードの記号

図6-4　ダイオードのV-I特性

もし，検波できる回路が出来上がっていたとしても，コンデンサの容量が比較的大きいときには検波された音声信号の「高音」が少なくなり音がこもったような「低音」になります．

6-4　ダイオードによるスイッチ

ダイオードに電流が流れているときは等価抵抗が小さく，電流が流れていないときは等価抵抗がひじょうに大きいので，ダイオードに流す電流をON/OFFすることによって，信号路に入れたダイオードを信号のスイッチとしてよく利用します（Column E参照）．

図6-7に原理を紹介します．**図6-7**の中にも機械的なスイッチがあります．信号を切り替えるならそのスイッチを使えばよいではないかと言われそうですが，このスイッチを手もとに置いた状態で離れた場所の信号路を遠隔でON/OFFするには，**図6-7**のような方法しかありません．

このような電子スイッチは，機械スイッチのような接点の摩耗や接触不良がないことや複数の回路でも同時切り替えが可能というメリットがあるので，電子チューナなどに多用されています．

6-5　ダイオードの順方向電圧の利用

さきほどから0.6Vという言葉を何度か使ってきました．ダイオードに電流が流れるような方向に電圧をかけ，しだいに大きくしていって順方向電圧を超えると電流が流れ始め，低抵抗になります．それが小信号用のシリコン・ダイオードではほぼ0.6Vだというのです（**図6-4**参照）．この値はダイオードによってさまざまですが，ダイオードの規格表を見れば出ています．この電圧を利用して信号波の電圧をある一定値に制限することが可能です．**図6-8**を見れば理屈はすぐに理解できるでしょう．

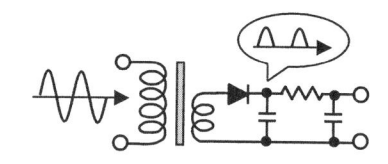

この図は半波整流回路としてすでにおなじみのものだが，まったく同じパターンの回路に検波回路がある．整流回路では，トランスの1次側に入力された波形の上半分だけがダイオードの「一方通行」特性により，図のように出力され，コンデンサと抵抗器で「平滑」されて直流に近づく．コンデンサの容量は大きいほど平滑が容易で，電流が少なければ抵抗器の値は大きいほうが平滑に寄与する．振幅変調（AM）された高周波信号から変調された低周波信号を取り出す（復調）検波回路も同じ回路だが，コンデンサや抵抗器の定数を低周波信号まで平滑しないように設定するところがミソ

図6-5　ダイオードによる半波整流

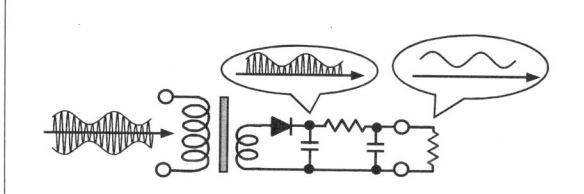

検波についてもう少し詳しく説明しよう．振幅変調波は高周波の振幅を，変調していないレベルを中心に低周波信号で振るもので上図の入力波形のようになる．トランスは当然高周波トランスとなる．ダイオードの出力は上図に示したように半波整流波形となる（**図6-5**と同様）．
実際にはダイオード直後のコンデンサのため高周波成分がバイパスされて出力の波形に近いものとなっている．
もう一度逆L型のRCを通すことによって高周波分を除かれたきれいな低周波信号が出力される．平滑用のコンデンサの容量がズーッと大きくなると，低周波信号まで平滑されてしまい，出力端子には直流が出てくる．こうなるともはや整流回路であって検波回路ではない

図6-6　AMの検波回路

6-6　ダイオードによる電源の保護回路

電子回路をACアダプタのような外部電源で動作させたいときは，プラスとマイナスの極性に細心の注意をはらう必要があります．そのようなとき，ちょっとした心づかいで電子回路を安全に保護する方法があります．

図6-9に示すようにダイオードの一方通行特性を利用するものです．負荷というのが動作させたい電子回路です．もちろんダイオードの最大定格電流が負荷に流れ込む電流より余裕をもって大きくなければなりません．

この場合，順方向電圧分だけ電圧が下がることも知っておきましょう．

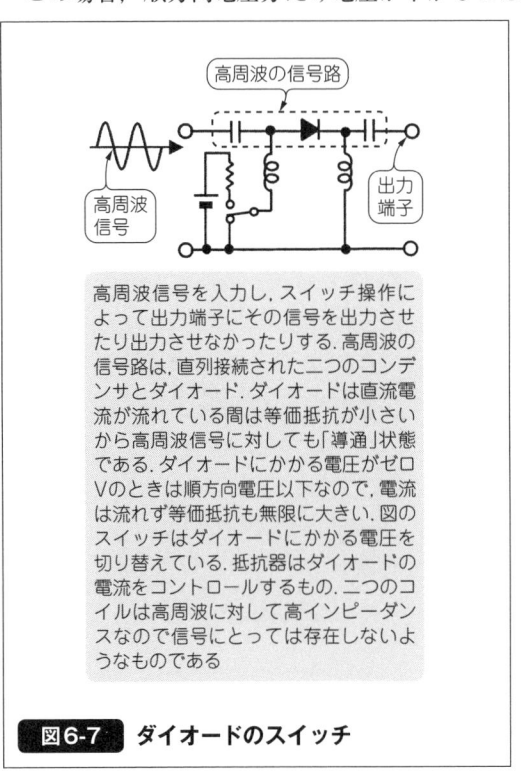

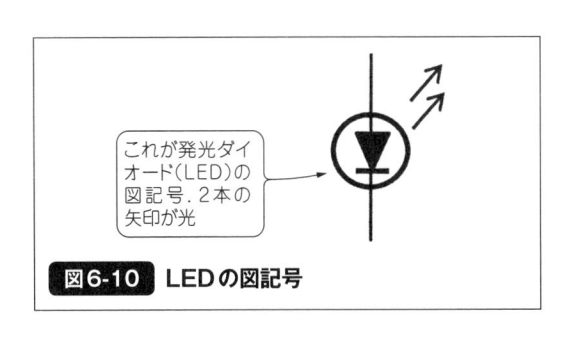

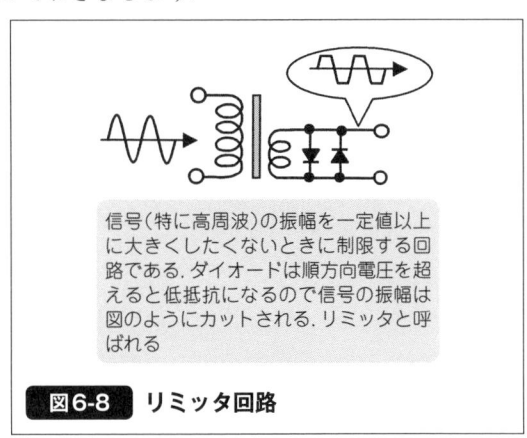

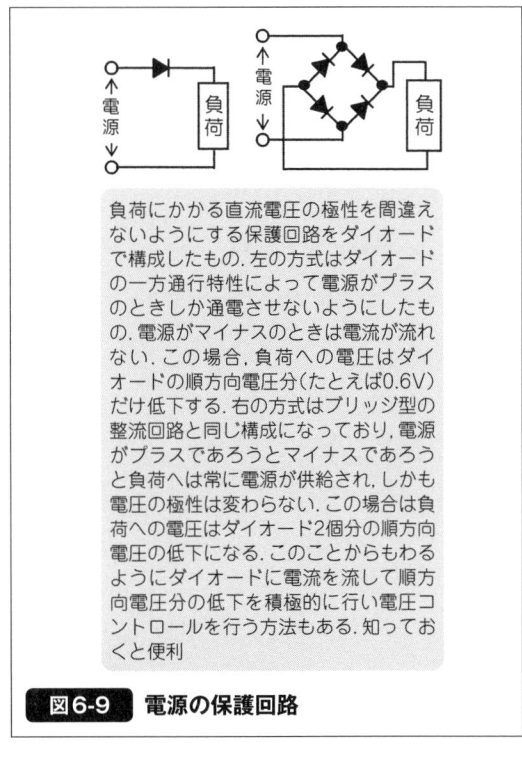

図6-7 ダイオードのスイッチ

高周波信号を入力し，スイッチ操作によって出力端子にその信号を出力させたり出力させなかったりする．高周波の信号路は，直列接続された二つのコンデンサとダイオード．ダイオードは直流電流が流れている間は等価抵抗が小さいから高周波信号に対しても「導通」状態である．ダイオードにかかる電圧がゼロVのときは順方向電圧以下なので，電流は流れず等価抵抗も無限に大きい．図のスイッチはダイオードにかかる電圧を切り替えている．抵抗器はダイオードの電流をコントロールするもの．二つのコイルは高周波に対して高インピーダンスなので信号にとっては存在しないようなものである

図6-8 リミッタ回路

信号（特に高周波）の振幅を一定値以上に大きくしたくないときに制限する回路である．ダイオードは順方向電圧を超えると低抵抗になるので信号の振幅は図のようにカットされる．リミッタと呼ばれる

図6-9 電源の保護回路

負荷にかかる直流電圧の極性を間違えないようにする保護回路をダイオードで構成したもの．左の方式はダイオードの一方通行特性によって電源がプラスのときしか通電させないようにしたもの．電源がマイナスのときは電流が流れない．この場合，負荷への電圧はダイオードの順方向電圧分（たとえば0.6V）だけ低下する．右の方式はブリッジ型の整流回路と同じ構成になっており，電源がプラスであろうとマイナスであろうと負荷へは常に電源が供給され，しかも電圧の極性は変わらない．この場合は負荷への電圧はダイオード2個分の順方向電圧の低下になる．このことからもわかるようにダイオードに電流を流して順方向電圧分の低下を積極的に行い電圧コントロールを行う方法もある．知っておくと便利

図6-10 LEDの図記号

これが発光ダイオード（LED）の図記号．2本の矢印が光

6-7　発光ダイオード・LED

最近にわかに脚光を浴びているものに，ひじょうに明るい発光ダイオードがあります．LEDと呼んだり発光ダイオードと呼んだりしてまちまちですが，どちらも同じ程度に使われています．LEDはLight Emitting Diodeの略称です．LEDが出始めたころは赤色が中心でしたから，LED＝レッド＝REDと混同した人が結構いたものです．

図記号を**図6-10**に示します．脚光を浴びているのは高輝度のLEDで，信号機や車から使われはじめました．特に信号機の白熱式電球は断線するたびに大掛かりな交換作業をしなければならず，人件費もかかるのでLED化が加速されたようです．

省電力，長寿命のため，エコロジーの立場から家庭用の電球の分野にも大手企業が続々と参入しつつあります．

発光ダイオードもPN接合です．発光原理の詳細はここでは省略しますが，正孔と電子のぶつかり合いで説明されています．

同じようにエネルギーを放散するダイオード仲間にレーザー・ダイオードがあります．

図6-11にLEDの使い方を示します．LEDにもV_Fが存在しますが，0.6Vではなく3.5Vや2.0Vといっ

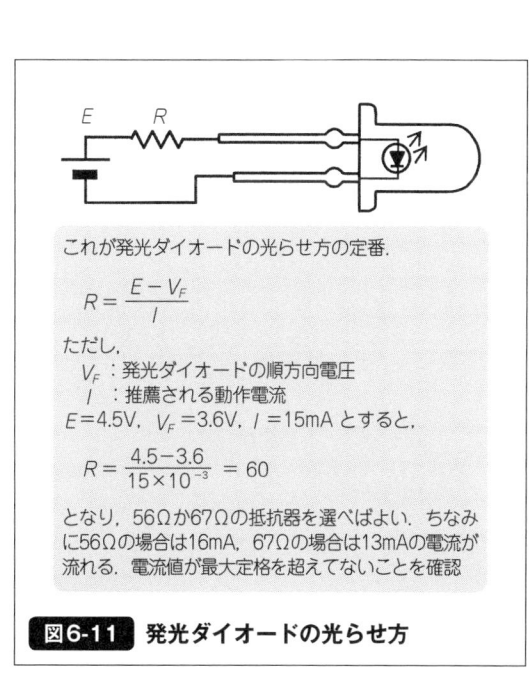

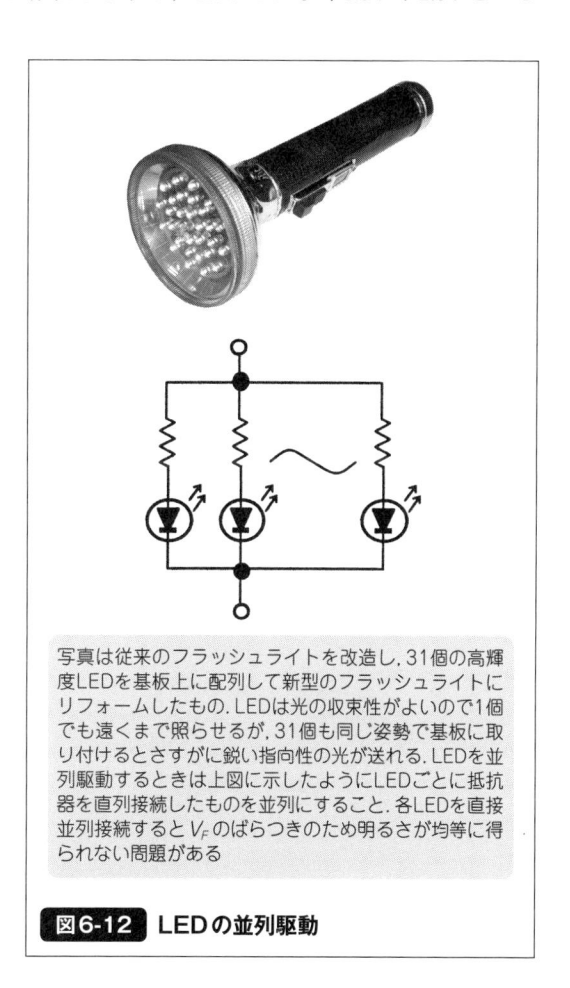

これが発光ダイオードの光らせ方の定番．

$$R = \frac{E - V_F}{I}$$

ただし，
V_F：発光ダイオードの順方向電圧
I：推奨される動作電流
E＝4.5V，V_F＝3.6V，I＝15mAとすると，

$$R = \frac{4.5 - 3.6}{15 \times 10^{-3}} = 60$$

となり，56Ωか67Ωの抵抗器を選べばよい．ちなみに56Ωの場合は16mA，67Ωの場合は13mAの電流が流れる．電流値が最大定格を超えてないことを確認

図6-11　発光ダイオードの光らせ方

写真は従来のフラッシュライトを改造し，31個の高輝度LEDを基板上に配列して新型のフラッシュライトにリフォームしたもの．LEDは光の収束性がよいので1個でも遠くまで照らせるが，31個も同じ姿勢で基板に取り付けるとさすがに鋭い指向性の光が送れる．LEDを並列駆動するときは上図に示したようにLEDごとに抵抗器を直列接続したものを並列にすること．各LEDを直接並列接続するとV_Fのばらつきのため明るさが均等に得られない問題がある

図6-12　LEDの並列駆動

第6章 半導体の基本とダイオード

た値で，発光色によっても異なります．LEDに付属したデータ・シートの数字を使って**図6-11**の計算事例から直列の抵抗値を算出します．

なお，LEDの極性は**図6-11**で見るように長いほうの脚にプラスを加えます．

図6-12は複数個のLEDを並列駆動する方法について述べてあります．ポイントはLEDと抵抗器を直列接続したものを並列接続するということです．

6-8　ツェナー・ダイオード

ダイオードはP型半導体からN型半導体に向かって電流が流れると説明してきました．これを「順方向電流」と表現しています．

このほかに，ダイオードに本来なら電流が流れない逆方向の電圧をかけて独特の使い方をする例が二つあります．

はじめに「ツェナー効果」と呼ばれるおもしろい現象を紹介します．

ツェナー（C.H.Zener）はイギリス人で，1930年ごろにこの現象を発見しました．**図6-13**がこの現象

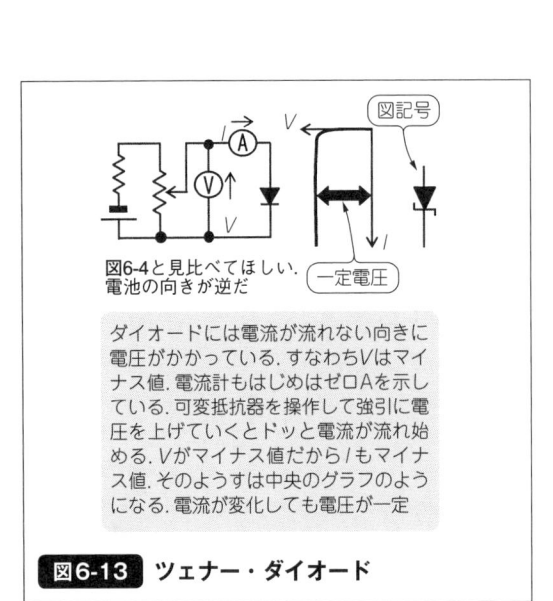

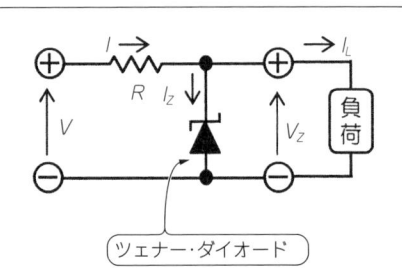

ダイオードには電流が流れない向きに電圧がかかっている．すなわちVはマイナス値．電流計もはじめはゼロAを示している．可変抵抗器を操作して強引に電圧を上げていくとドッと電流が流れ始める．Vがマイナス値だからIもマイナス値．そのようすは中央のグラフのようになる．電流が変化しても電圧が一定

図6-13 ツェナー・ダイオード

ダイオードに逆電圧をかけると通常は電流が流れないが，さらに電圧を大きくしていくと電流が流れ始め，そのときのダイオードの両端の電圧が一定値になることを知った．この性質を積極的に利用して定電圧を得る目的のダイオードが売られている．ツェナー現象を使っているためツェナー・ダイオードと呼ばれるが，規格表ではもっぱら定電圧ダイオードである．図は具体的な使い方を示す．負荷となる電子回路に何V必要かによりダイオードを選択する．規格表ではこの電圧をV_Zで区分けしている．抵抗値Rは以下のようにして決める．

$$R = \frac{V - V_Z}{I} = \frac{V - V_Z}{I_Z + I_L}$$

I_Z：規格表にあるV_Zの測定条件電流
I_L：負荷に流れる電流の最小値
負荷電流が変動して大きくなっても最大定格の範囲でダイオードで吸収可能．Vが変動しても最大定格の範囲でダイオードで吸収可能．変動が大きいときには最大定格の大きな素子を選ぶ

図6-14 定電圧回路の設計

のあらましです．ダイオードに本来電流が流れない逆方向の電圧をかけておき，強引にその電圧を上げていくと電流が流れて，しかもそのときのダイオード両端の電圧がほとんど一定だというのです．

この性質を積極的に利用して定電圧を作るために開発されたものが「定電圧ダイオード」です．規格表にはカッコ付きで「ツェナー・ダイオード」と付記されることもあります．**図6-13**にはこのダイオードの図記号も示しました．

定電圧ダイオードを使って具体的に定電圧回路を設計する手順を**図6-14**に示します．定電圧ダイオードは負荷電流の変動を吸収する形で定電圧効果を得ているので，変動の大きな負荷に対しては最大定格電力が大きくなければなりません．

規格表を見ると50Wなどという放熱に適したダイオードも見あたります．

6-9 可変容量ダイオード

本来なら電流が流れない逆方向の電圧をかけて独特の使い方をするダイオードに可変容量ダイオードがあります．**図6-15**にその理屈と図記号を示します．

またこれを使用したAMラジオの事例を**図6-16**に示します．可変容量ダイオードはバリキャップ（Vari-Cap）とも呼ばれます．

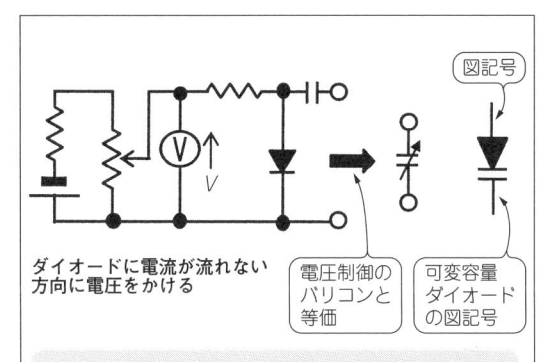

図6-15 可変容量ダイオード

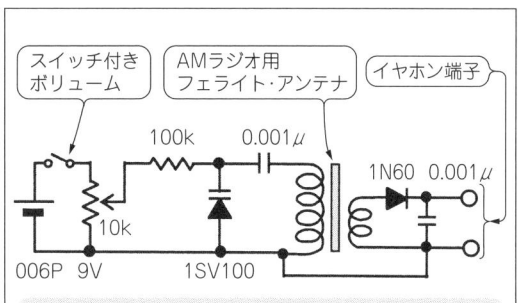

ツェナー・ダイオードのときも逆方向の電圧をかけたが，この場合は電流が流れない状態を保っている．図6-2の②の状態である．図6-2の②ではN型半導体内部の電子は電池からきた＋極にひかれ，P型半導体内部の正孔は電池からきた－極にひかれて中央のPN接合部には電子も正孔もないカラッポの（空乏層と呼ばれる）状態ができる．したがって空乏層は電気を流さない絶縁ゾーンだが，その両側は電気を流す電子や正孔があるのでコンデンサを形成している．逆電圧のかかったダイオードはコンデンサなのだ．その容量は空乏層の幅によって決まり，かけた逆電圧が大きければ容量は小さく，逆電圧が小さければ容量は大きくなる．逆電圧で調節されるバリコンだ．使用している抵抗器は容量が加える電圧の回路で短絡されない目的で入れる．電流が流れないので高抵抗を使用できる

図6-16 可変容量ダイオードの使い方

可変容量ダイオードの使い方を具体的な事例で紹介．AMラジオ用のフェライト・アンテナと組み合わせるバリコンを可変容量ダイオードに入れ替えたもの．006P型の乾電池の電圧を可変抵抗器10kΩにより0V～9Vに調節してダイオード1SV100に加える．抵抗器100kΩはこれより左側の回路をダイオードに伝えないよう高周波的に遮断するもので，これが小さければバリコンの両極に低抵抗を入れた状態になる．1SV100は電圧が9Vから1Vになったとき容量比が17となり，1Vのときの容量が500pFとなる，と規格表に示されている．可変容量ダイオードを選ぶときは，電圧，容量比，絶対容量を読んで選択しよう．0.001μFのコンデンサはダイオードにかかる直流電圧をショートさせないためのもの．これで「鉱石ラジオ」いや「ダイオードラジオ」の電子チューニング版ができた!!　9Vも使うのならトランジスタもらくらく動作させられるのだが，ここは可変容量ダイオードの実践例ということでよくばらないことにしよう

第6章 半導体の基本とダイオード

Column L　倍電圧整流回路

ダイオードの整流作用の独特な応用について紹介しましょう．

すでに第2章で「電源」をおさらいしているので，そちらも振り返りながら見てください．

図Lの①，②，③，④および⑤は，通常の半波整流出力電圧のそれぞれ2，2，3，4および5倍の直流電圧が得られる「倍電圧」の整流回路を示したものです．それぞれ倍電圧が得られるメカニズムは，図の①〜⑤の説明文の中で解説してあります．

整流の工夫をするだけで，電圧を上げて整流することと同様な効果が得られたら実に便利なことと思いませんか．しかし，ここで紹介している方法は理屈の上ではそのとおりなのですが，4倍，5倍と倍数が高くなるにつれ実現が苦しくなってきます．図の⑥には真空管式ラジオの時代の倍電圧整流回路を紹介しています．

真空管式ラジオは，トランスを省略することがひじょうに大きなコストダウンにつながるので，100Vしかない電源から200Vの直流を得る知恵を働かせたものです．

そのときの知恵を引き継いでダイオードで実現させたらどうなるかを紹介したものと思ってください．ちなみに⑥の回路をダイオードで置き換えたものは②の回路です．

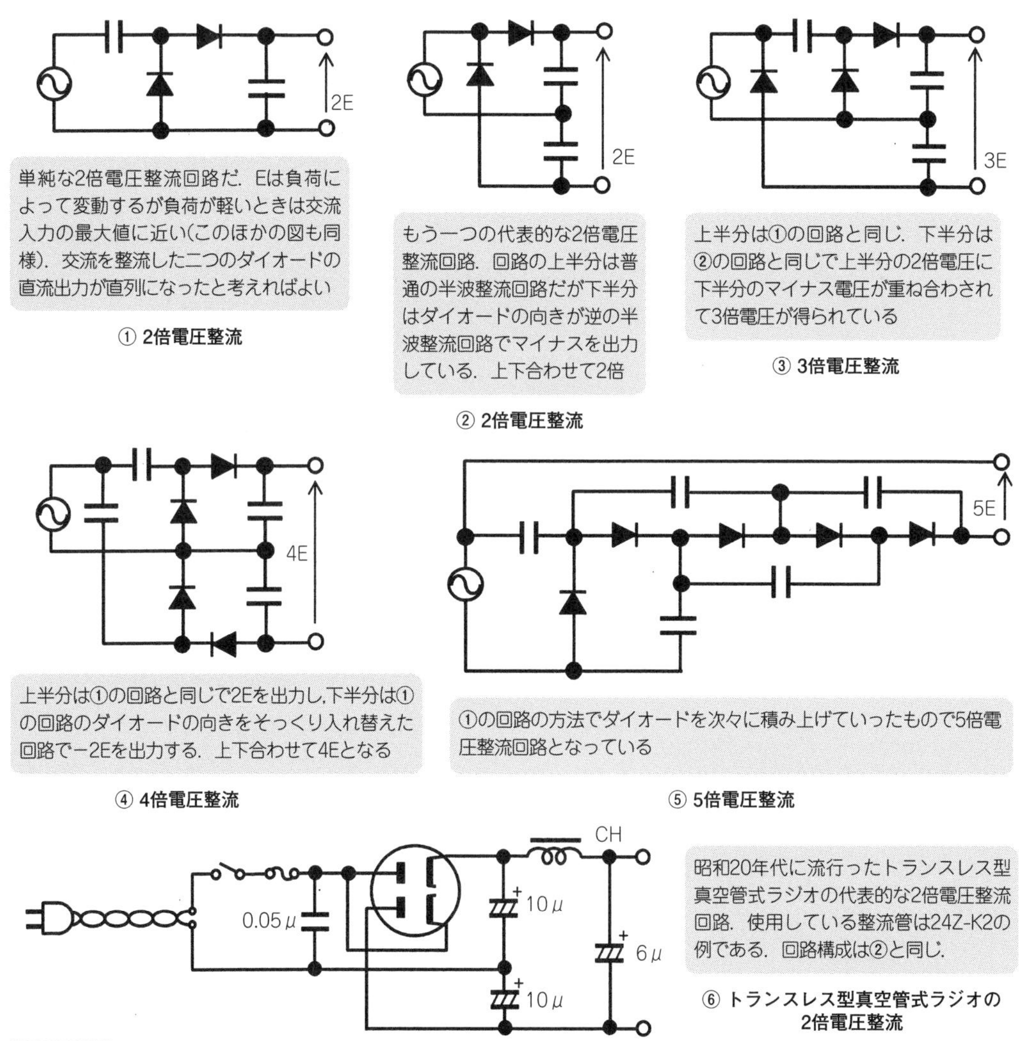

単純な2倍電圧整流回路だ．Eは負荷によって変動するが負荷が軽いときは交流入力の最大値に近い（このほかの図も同様）．交流を整流した二つのダイオードの直流出力が直列になったと考えればよい

① 2倍電圧整流

もう一つの代表的な2倍電圧整流回路．回路の上半分は普通の半波整流回路だが下半分はダイオードの向きが逆の半波整流回路でマイナスを出力している．上下合わせて2倍

② 2倍電圧整流

上半分は①の回路と同じ．下半分は②の回路と同じで上半分の2倍電圧に下半分のマイナス電圧が重ね合わされて3倍電圧が得られている

③ 3倍電圧整流

上半分は①の回路と同じで2Eを出力し，下半分は①の回路のダイオードの向きをそっくり入れ替えた回路で−2Eを出力する．上下合わせて4Eとなる

④ 4倍電圧整流

①の回路の方法でダイオードを次々に積み上げていったもので5倍電圧整流回路となっている

⑤ 5倍電圧整流

昭和20年代に流行ったトランスレス型真空管式ラジオの代表的な2倍電圧整流回路．使用している整流管は24Z-K2の例である．回路構成は②と同じ．

⑥ トランスレス型真空管式ラジオの2倍電圧整流

図L 倍電圧整流回路

6-10　ダイオードによるデバイスの保護回路

　図6-9ではダイオードが順方向しか電流を流さない特性を利用して，装置の電源を逆接続から守る回路を紹介しました．これらはダイオードの電流や電力の定格さえ注意すれば，ほとんどのダイオードが使用できます．

　本節ではノイズや過電流に強くないCMOSのICやOPアンプを入出力の水際で守る回路や，過電流のもととなるようなリレーなどからのサージ電流をダイオードで吸収する回路を紹介します．ダイオードにもやや特殊な性質が要求されます．

　保護する対象がCMOSのICやOPアンプで，過電流を防止したり吸収したりするダイオードの使い方に焦点を絞りますので，保護されるデバイスについてはここでは解説しません．なおOPアンプの独特な回路構成については第10章で出てきますので，そちらをおさらいしたうえで本節も参照することをお勧めします．

　図6-17は静電破壊に弱いCMOSなどのデバイスを入出力の両側でがっちり保護する回路です．ダイオードはできるだけV_Fの小さなものを選びます．

　図6-18は電圧フォロワを構成するOPアンプの入力保護回路です．二つのダイオードは常時逆電圧がかかっているので回路の中での存在感はありません．図6-18でV_Fが0.7Vとすると＋IN端子にかかる電圧は－15.7〜＋15.7Vの中におさまります．

　図6-19は反転増幅器を構成するOPアンプの入力保護回路です．反転増幅器では入力は反転入力（－）と非反転入力（＋）との端子間に加わりますから，この端子間電圧は＋V_F〜－V_Fの中におさまります．この回路は基本的に図6-8と同じものです．

　図6-20はCMOSなどのデバイスを直接保護するものではありませんが，その遠因となるような過電流の発生を抑え込むような保護回路です．リレーが遮断されてOFF状態になったときには，図の下方に向かって大きなサージ電流が発生します．ダイオードはその電流を吸収するもので，接合容量が小さ

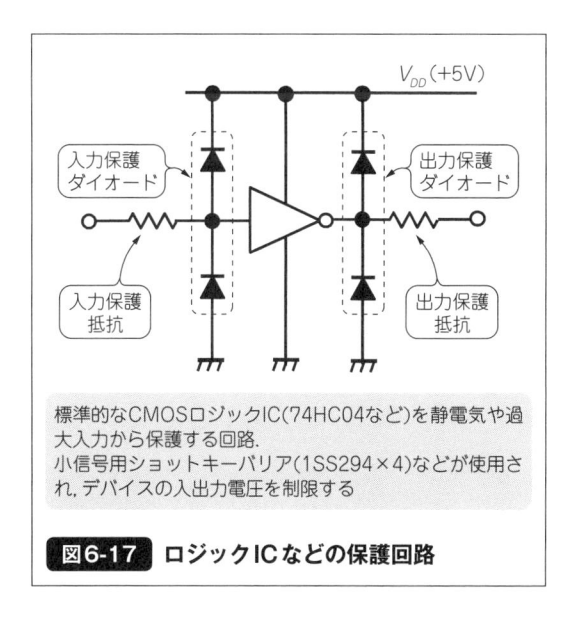

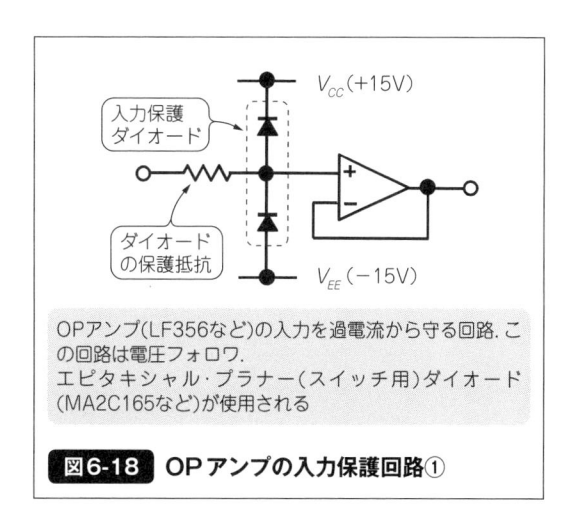

標準的なCMOSロジックIC（74HC04など）を静電気や過大入力から保護する回路．
小信号用ショットキーバリア（1SS294×4）などが使用され，デバイスの入出力電圧を制限する

図6-17 ロジックICなどの保護回路

OPアンプ（LF356など）の入力を過電流から守る回路．この回路は電圧フォロワ．
エピタキシャル・プラナー（スイッチ用）ダイオード（MA2C165など）が使用される

図6-18 OPアンプの入力保護回路①

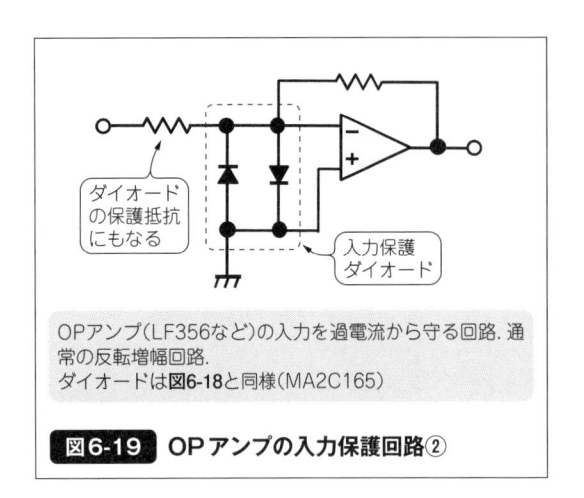

図6-19 OPアンプの入力保護回路②

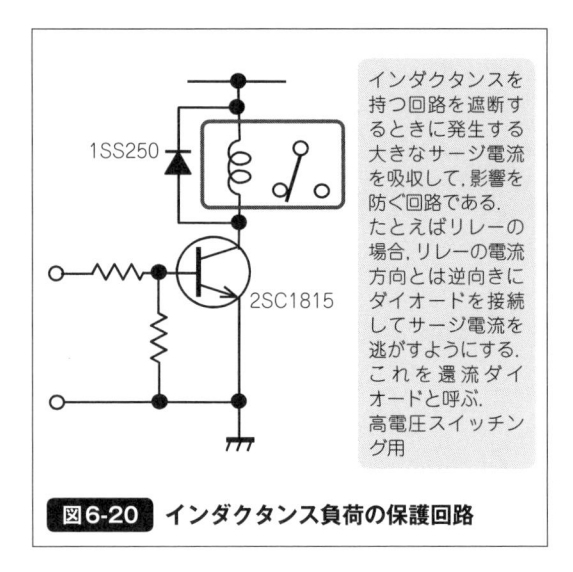

OPアンプ(LF356など)の入力を過電流から守る回路．通常の反転増幅回路．
ダイオードは**図6-18**と同様(MA2C165)

- ダイオードの保護抵抗にもなる
- 入力保護ダイオード

図6-20 インダクタンス負荷の保護回路

インダクタンスを持つ回路を遮断するときに発生する大きなサージ電流を吸収して，影響を防ぐ回路である．たとえばリレーの場合，リレーの電流方向とは逆向きにダイオードを接続してサージ電流を逃がすようにする．これを還流ダイオードと呼ぶ．高電圧スイッチング用

く大きなサージ電流に耐えるものが要求されます．

　使用されているダイオード1SS250は逆耐圧200V，サージ電流2A，端子間要領3.0pFという仕様です．

　電子回路のビギナーにとっては何とも奇妙な役割のダイオードに見えますが，解説したような重要な役割があるのです．

　なお**図6-17**～**図6-20**の各回路は，「トランジスタ技術SPECIAL No.88」(CQ出版社)から引用しました．

第 7 章
トランジスタの基本

　半導体の究極の姿は IC（集積回路）や LSI（高密度集積回路）で，使う人にとってはとても便利な部品です．ハム向けの工作キットもいろいろ市販されており，その中に IC や LSI も組み入れられていて，プラモデルでも作る感覚で電子回路が自作できる環境にあります．その IC や LSI を開発する最初の一歩はトランジスタによる機能の設計です．

　また，自分独特の「マイ回路」を作るときには，素朴なトランジスタを駆使しなければなりません．このように，トランジスタは IC や LSI をも含むすべての電子回路の基本要素です．

　本章ではトランジスタの原理や，動作に必要なバイアス回路の考え方など，基本中の基本を学習することにします．

これはトランジスタ「黎明期」の戦士たちの集合写真です．
上の二つがパナソニック系（というよりフィリップス系）の独特な形をしたトランジスタ，下の三つがソニー系のトランジスタで，左の二つがソニーの前身である東京通信工業（東通工）のマークをつけています．面白いことに両脇にあるトランジスタは同じ型名で会社名がそれぞれ東通工とソニーになっています．もちろんいずれもゲルマニウム（OC45 は PNP，その他は NPN 型）トランジスタです．
写真上部にある "OC＊＊＊" というトランジスタをサンドペーパーでこすると塗装が剥げ，テスタの黒リードをエミッタに，赤リードをコレクタにつなぎ，内部に光をあてると抵抗値の変化が認められます．

7-1　トランジスタの誕生

　トランジスタの発明はグループによる研究成果で，ショックレー（William Bradford Shockley 1910-1989 米国），ブラッティン（Walter Hauser Brattain 1902-1987 米国），バーディーン（John Bardeen 1908-1991 米国）といった人たちの名前が挙がります．

　いずれも米国のベル研究所のメンバーで，半導体の基礎研究における副産物として発明にいたったといわれています．この3人は，ノーベル物理学賞を受賞しています．

　ショックレーの接合型トランジスタの特許出願は1948年6月7日です．ド・フォレスト（Lee de Forest 米国）による三極（真空）管の発明が1906年なので，42年を経て「球」から「石」へと発展したことになります．米国の底力はすごいですね．

　電池を発明した人がボルタという話はよく知られているのに，トランジスタは誰が発明したのか即座に答えられない人が多いと思われるので，最初に敬意を払って紹介することにしました．

7-2　トランジスタの動作原理

　発明当時のトランジスタは点接触型のゲルマニウムに代表されましたが，現在は接合型のシリコンが主流なので，以下の説明もこれを対象に話を進めます．またトランジスタはPNP型とNPN型に大別されますが，特にことわらないかぎりNPN型を想定して解説することにします．

　PNP型とNPN型とは，P型半導体とN型半導体をそっくり入れ替え，電源の極性（プラスとマイナス）を入れ替えたものと同じなので容易に理解できると思います．図記号のエミッタの矢印の向きも変わるので，回路図のうえでの誤解はないと思います．

　前回のダイオードの解説のときにも現れましたが，今回も動作原理の説明には正孔と電子を使うことにします．P型半導体での電流の運び屋は正孔です．正孔のPositive holeをとってP型といいます．またN型半導体での電流の運び屋は電子です．電子のNegative electronをとってN型と覚えればよいでしょう．

　さて図7-1に接合型NPNトランジスタの動作原理を解説します．毎回正孔や電子の動きを考えるのはわずらわしいので，理解を進めて図7-1の③まできたら，右側に示してある回路図だけを覚えてあとは忘れてもらってもかまいません．図7-1は順序を追ってかなり詳しく説明しているので，じっくりと読んでください．

　ここでの結論は図7-1の③の回路図です．言葉でいえば「ベース・エミッタ間に順方向の電流を流せば，コレクタからエミッタを目指してベース電流よりもはるかに大きい電流が流れる」ということです．ただ，この図の段階ではまだ実用的な回路とはいえません．それは，このような電源のつなぎ方をすればコレクタ・エミッタ間に電流が流れる，といった傾向を示したに過ぎず，どうやってコレクタ電流をコントロールするのかについては説明しきれてないからです．また電源を2か所に用意しなければならないなど，実用上の問題もあるからです．次節以降でこの解決に迫ります．

7-3 トランジスタ活用の第一歩バイアス

図7-2では，まず2か所にある電源を1か所にまとめる作業をしています．まとめついでに可変抵抗器を使ってエミッタ・ベース間の電圧V_{BE}を加減できるようにしてあります．

V_{BE}を加減すれば，コレクタ電流は**図7-3**に示すように劇的に変化します．図ではV_{BE}が20mV程度変化すればI_Cは2倍となり，60mV程度変化すればI_Cは10倍となることが読み取れます．まさに劇的変化で，これがトランジスタの増幅作用なのです．

実際に交流信号を増幅するときの入力の加え方は，一部特例もありますが，ベースに交流信号を重ねて入力し，V_{BE}をゆすぶってやればよいのです．そうすれば入力した交流信号に応じたコレクタ電流の変化が見られます．

さてトランジスタで増幅器を作るときには，その増幅器の目的によって，交流の入力信号のない状態でコレクタ電流をある値に設定しておく必要があります．ここまでの知識では，コレクタ電流の設定は**図7-2**の②の可変抵抗器で行いましたが，コレクタ電流をあらかじめある値に設定しなければならない理由を**図7-4**に示します．

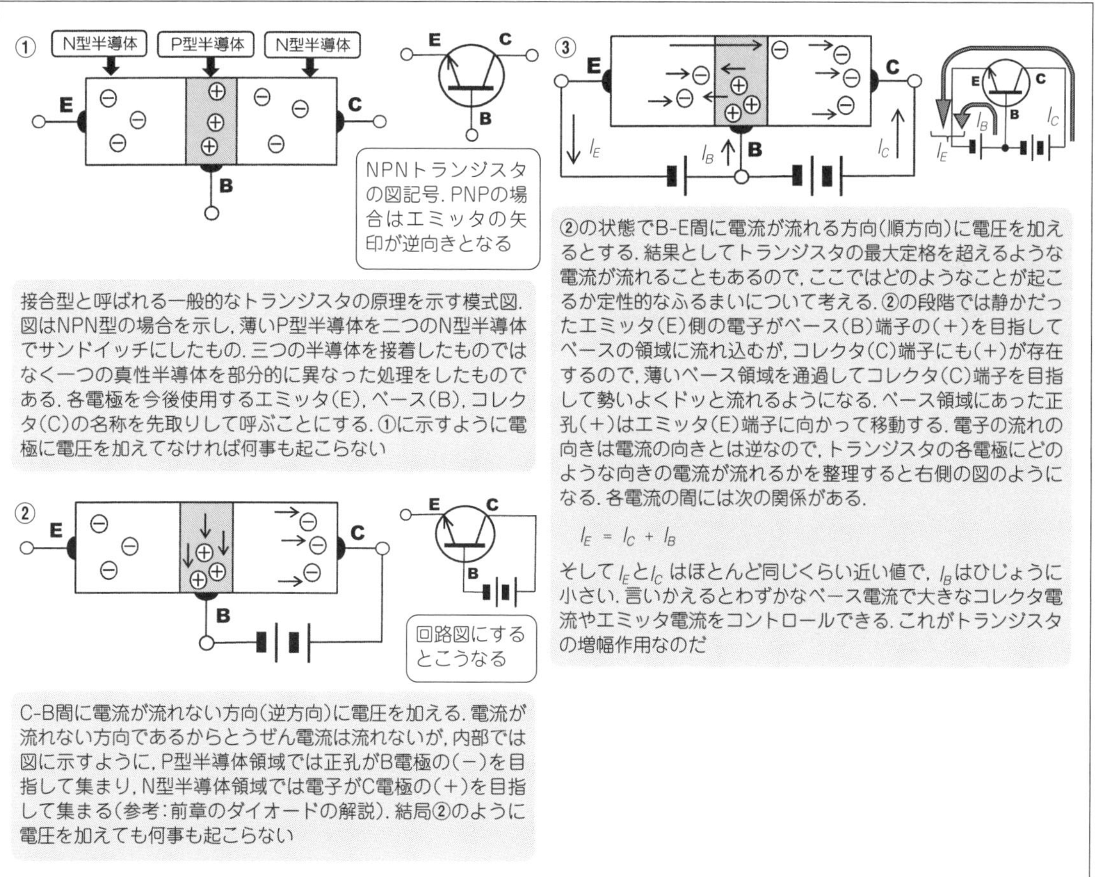

① 接合型と呼ばれる一般的なトランジスタの原理を示す模式図．図はNPN型の場合を示し，薄いP型半導体を二つのN型半導体でサンドイッチにしたもの．三つの半導体を接着したものではなく一つの真性半導体を部分的に異なった処理をしたものである．各電極を今後使用するエミッタ(E)，ベース(B)，コレクタ(C)の名称を先取りして呼ぶことにする．①に示すように電極に電圧を加えてなければ何事も起こらない

NPNトランジスタの図記号．PNPの場合はエミッタの矢印が逆向きとなる

② C-B間に電流が流れない方向(逆方向)に電圧を加える．電流が流れない方向であるからとうぜん電流は流れないが，内部では図に示すように，P型半導体領域では正孔がB電極の(−)を目指して集まり，N型半導体領域では電子がC電極の(+)を目指して集まる(参考：前章のダイオードの解説)．結局②のように電圧を加えても何事も起こらない

回路図にするとこうなる

③ ②の状態でB-E間に電流が流れる方向(順方向)に電圧を加えるとする．結果としてトランジスタの最大定格を超えるような電流が流れることもあるので，ここではどのようなことが起こるか定性的なふるまいについて考える．②の段階では静かだったエミッタ(E)側の電子がベース(B)端子の(+)を目指してベースの領域に流れ込むが，コレクタ(C)端子にも(+)が存在するので，薄いベース領域を通過してコレクタ(C)端子を目指して勢いよくドッと流れるようになる．ベース領域にあった正孔(+)はエミッタ(E)端子に向かって移動する．電子の流れの向きは電流の向きとは逆なので，トランジスタの各電極にどのような向きの電流が流れるかを整理すると右側の図のようになる．各電流の間には次の関係がある．

$I_E = I_C + I_B$

そしてI_EとI_Cはほとんど同じくらい近い値で，I_Bはひじょうに小さい．言いかえるとわずかなベース電流で大きなコレクタ電流やエミッタ電流をコントロールできる．これがトランジスタの増幅作用なのだ

図7-1 トランジスタの動作原理

第7章 トランジスタの基本

　コレクタ電流はあらかじめ設定された電流値を中心に変化しますが，**図7-4**の③に示したように設定値が小さすぎると入力波形を忠実に増幅しません．特に気を付けたいのはトランジスタの電流増幅率が大きいときと，入力そのものがすでに大きいときです．

　たとえばマイク・アンプをトランジスタの2段増幅で構成しようというときには，1段目の増幅トランジスタより2段目の増幅トランジスタのほうがより大きなコレクタ電流を設定する必要があります．

　入力の波形を忠実に増幅するのではなく，波形をひずませて増幅するケースもあります．

　たとえば，48MHzの高周波から3倍の高調波144MHzを作るときなど，意図的に波形をひずませる場合です．

　周波数を数倍にすることを「周波数逓倍」と呼んでいますが，この目的のためにはコレクタ電流の設定値をゼロにして波形をひずませることが常識です．

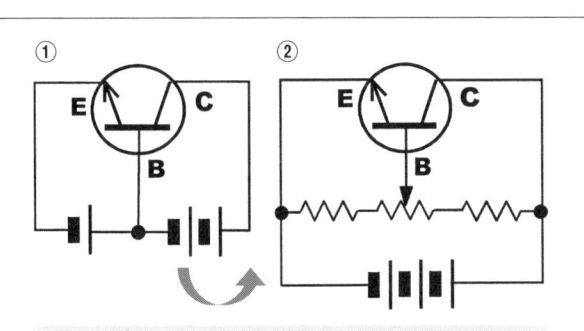

上図①は**図7-1**の③と同じ回路図である．上図②は①の電源を1か所にまとめたもので，C-E間の電圧は①と同じ，またBにかかる電圧もC-E間の電圧を抵抗器で分割して①と同じ電圧比にしたもので，結局両回路は「等価」だ．さらに**図7-2**②はもうひと工夫してある．**図7-1**の③にもことわり書きしたように，B-E間に電流を流せばコレクタ(C)からエミッタ(E)を目指して電流が流れるという傾向だけ説明して，その電流値が大きいか小さいかは触れなかった．**図7-2**の②には可変抵抗器によってその電流値をコントロールできるような工夫がなされている．トランジスタはベース電流の「電流増幅率」倍のコレクタ電流が流れるようになっているので，可変抵抗器を調節することによってベース電流を増減しコレクタ電流を所定の大きさに設定することができる

図7-2 コレクタ電流を設定する

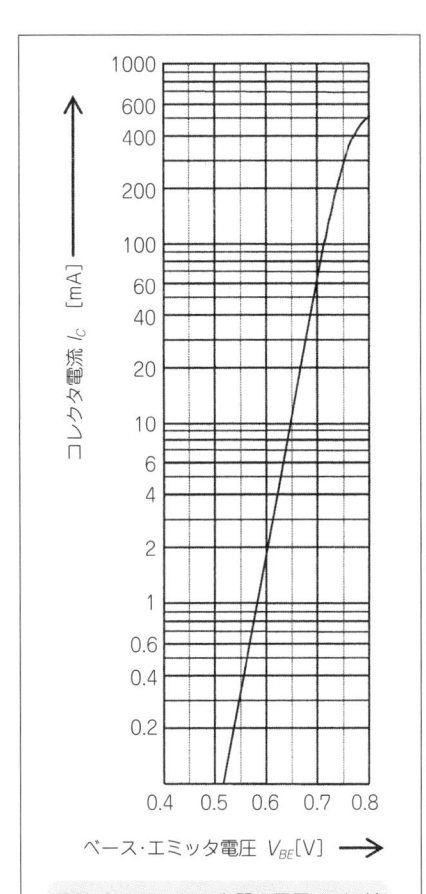

図はベース・エミッタ間の電圧 V_{BE} に対するコレクタ電流 I_C の変化を示したもの．V_{BE} の変化はベース電流 I_B の変化とも一致する．コレクタ電流は V_{BE} が0.6V付近で急激に立ち上がり V_{BE} のわずかな変化でも劇的に変化する（縦軸は対数目盛り）
※「トランジスタ技術スペシャル」
　No.1のp.77より引用

図7-3 V_{BE} とコレクタ電流

増幅の目的に応じてあらかじめコレクタの初期電流を設定し，増幅に備えてスタンバイさせることを「バイアスの設定」と呼んでいます．先述の周波数逓倍回路はゼロバイアスと呼ばれます．

7-4 バイアス回路の設計

バイアスの設定は**図7-2**の②の回路で可能なのですが，この回路には問題があります．それはトランジスタの電流増幅率のバラツキのため，コレクタ電流がバラツクので，トランジスタが替わるたびに可変抵抗器を再調節しなければならないという問題です．

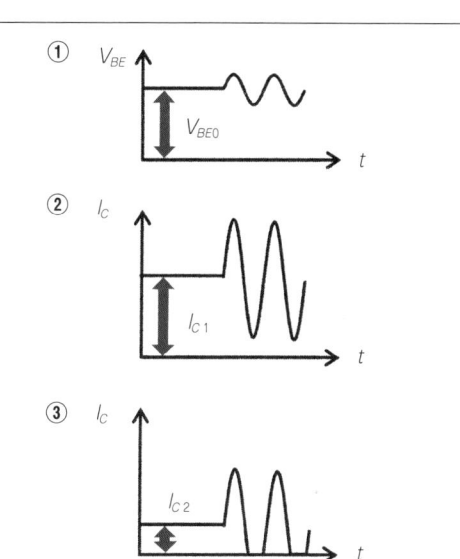

この図は**図7-3**を別の角度から眺めたものである．①は時間とともに変化するV_{BE}をグラフにしたもので，水平な部分はV_{BE}を一定値V_{BE0}に保った状態である．V_{BE0}が比較的大きなときは②に示すようにコレクタ電流も大きくI_{C1}のようになる．③はV_{BE0}が小さい場合である．**図7-2**の可変抵抗器を調節すれば，I_Cの値を②のようにするか③のようにするか自在に設定可能である．①のようにV_{BE}に変化が起こった場合を考えてみる．この変化は増幅されてI_Cの変化となるが，②のように余裕のあるI_{C1}に対しては入力の波形と同じ出力波形が得られている．③のように比較的小さなI_{C2}に対しては出力波形の一部が電流のゼロ値に到達して切り取られている．マイク・アンプのように出力波形が入力波形を崩さずに増幅したいときは②のようなI_Cの設定が必要である．増幅の目的によっては③のような設定を行うこともある．増幅に先立ってコレクタ電流をあらかじめある値に設定することを「バイアスを設定する」という

図7-4 バイアスの設定

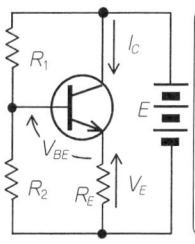

増幅に先立ってコレクタに適当な電流を流してスタンバイさせることがバイアスだ．ここでは安定してコレクタ電流を設定できる定番バイアス回路を極める

バイアスの設定は原理的には**図7-2**の②で行えるが，トランジスタの電流増幅率のバラツキによってコレクタ電流がいちじるしくバラつく．本回路はバラツキを軽減して簡単にコレクタ電流を設定できる定番回路で，特長はエミッタ回路に挿入する抵抗器（R_E）にある．

E：与えられた電源電圧
I_C：目標とするコレクタ電流 　とする

$V_E = R_E \times I_C$ がEの1/2〜1/3程度になるようR_Eを決めてかかる．
V_{BE}を0.6VとするとR_2にかかる電圧は$V_E + 0.6$となる．
電源電圧EをR_1とR_2で分割した電圧がこの値になればよい．すなわち

$$E \times \frac{R_2}{R_1 + R_2} = V_E + 0.6$$
$$= R_E \times I_C + 0.6$$

R_2を4.7kΩ〜6.7kΩなど適当に選べばR_1も算出できる

図7-5 バイアス回路の設計

第7章　トランジスタの基本

可変抵抗器があればまだしも，固定抵抗器だけで回路を固定してしまうとトランジスタの電流増幅率と固定抵抗器の抵抗値のバラツキによって，コレクタ電流はとんでもないほどバラツいてしまいます．一台ポッキリで終わらせるなら「まあいいか」で終わりますが．

図7-5はこれらのバラツキを軽減して目的のコレクタ電流を得る「定番回路」の設計手順です．いろいろな回路図でこれと同じ回路を見かけた経験があることと思います．図7-5にも説明したとおり，エミッタ回路に抵抗器R_Eを挿入するのが特徴です．

しかし電源電圧Eが，たとえば単3電池1個で1.5Vしかないようなときには，R_Eで電圧を先取りしてしまうと変化したコレクタ電流を取り出したくても電圧の余裕がなくなってしまうので，R_Eをできるかぎり0Ωに近づけなければならないことになります．そうなるとバラツキの問題が再燃するわけで，この対策については別の機会にゆずります．

なおV_{BE}を0.6Vとして扱えるのは，代表的な小信号用シリコン・トランジスタであることもお忘れなく．

定番回路と命名しましたが，トランジスタの設計はすべてこの回路から始まるといっても過言ではありません．

7-5　バイアスが決まったら

いままでしつこくバイアス，バイアスと言ってきました．ひじょうに重要なことですから，しつこくバイアスとは何かを再確認しておきます．

バイアスとは「トランジスタが増幅できるようにするために，そのコレクタ電流（もしくはエミッタ電流）を抵抗器の構成によって意図した値に設定すること」です．図7-4と図7-5をもういちど熟読してください．バイアスの設定には抵抗器を使い，コンデンサの出番はありません．

バイアスが決まったら増幅できる状態ですから，いよいよ交流入力を加え，交流出力を取り出す段取りになるのですが，その第一歩として「接地方式」を知る必要があります．

トランジスタは3本足なので，交流入力用に2本，交流出力用に2本の足を使わなければなりません．したがって3本足のどれかを入出力共通に使うことになります．どの足を共通にするかによって図7-6に示すような三つのケースが発生します．

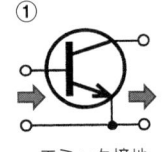

① エミッタ接地 Common-Emitter
② ベース接地 Common-Base
③ コレクタ接地 Common-Collector

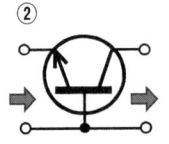

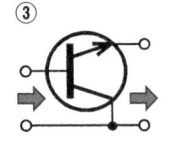

交流信号は左記それぞれの回路の左側から入力され右側から出力される．トランジスタは図7-5で示した方法でバイアスが設定されていることが条件で，交流信号を入出力するときにもバイアスを乱すような場合，たとえば交流回路が直流的に低抵抗であるような場合は，交流信号のみをとおすコンデンサを介して入出力する．図7-5の抵抗器はすべて直流を設定するだけの目的だから交流信号の入出力を考えるときにはその存在を忘れてもよい．

交流に着目した回路図は左記の3種類なのだ．本文でも述べたように①も②も交流信号はV_{BE}をゆすぶって入力し，コレクタ電流I_Cの変化を取り出して出力にする方式だが，③のみは若干方式が異なるので個々の解説で取り上げることにする

図7-6 接地方式の三態

たとえば図7-6の①のようにエミッタを共通足にする方式を,「エミッタ接地方式」とか「エミッタ共通方式」と呼んでいます．英語では「Common-Emitter」です．共通になる足は回路の上では通常グラウンド（接地）につながれるので,「共通」も「接地」も同義語として理解してください．

バイアスを設定する図7-5と，接地方式を紹介した図7-6とはどんな関係にあるのでしょうか．さきほどからバイアスの設定には抵抗器を使ってコンデンサの出番はないと述べているように，あくまで図7-5はトランジスタの電流を決定する直流の回路で，図7-6は交流の入力と出力をどこに加え，どこから取り出すかを決定する交流の回路です．

図7-6では抵抗器は見えません．関係ないからです．交流の信号は図7-6の各電極にコンデンサを介して直接入出力すればよいのです（電極に直流電圧がかかっていても差し支えない場合はコンデンサを省略することもあります）．

まだ釈然としない方にエミッタ接地方式のトランジスタに交流信号を入力する場合の具体的な手順を図7-7に示します．①の矢印で示した部分はバイアス設定の回路で図7-5そのもの，②の矢印で示した部分はエミッタ接地を例にした交流信号の入力のし方で図7-6を具体的な回路で示した入力回路です．これで図7-5と図7-6とがつながったと思います．ただしここまでは交流信号の入力の方法止まりで，出力についてはまだ述べていません．

ここでは，まずバイアスの設定，次にコンデンサを介して電極への接続という手順を理解していただければよいでしょう．各接地方式での入出力の具体的な回路は次章で扱うことにします．

7-6　トランジスタをどうやって選ぶか

ここまではトランジスタの種類に関係なく，ひたすらエミッタ（E），ベース（B），コレクタ（C）が備わっているトランジスタの一般的なモデルを扱ってきました．しかし実際に工作するには，どんなトラ

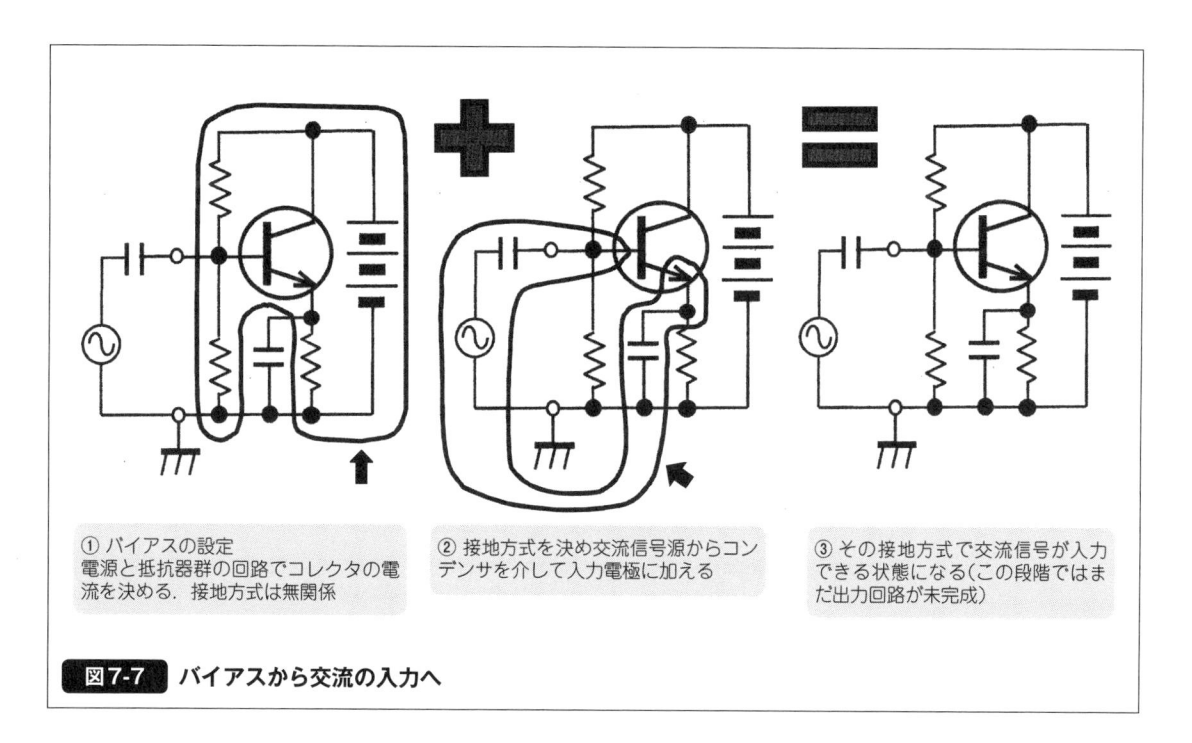

① バイアスの設定
電源と抵抗器群の回路でコレクタの電流を決める．接地方式は無関係

② 接地方式を決め交流信号源からコンデンサを介して入力電極に加える

③ その接地方式で交流信号が入力できる状態になる（この段階ではまだ出力回路が未完成）

図7-7　バイアスから交流の入力へ

ンジスタでもよいというわけではありません．期待する特性を絞っていき，最終的には形名まで特定する必要があります．この節では使うトランジスタの選びかたについて考えることにします．

そのまえにダイオードについてひとこと振り返ってみます．これはトランジスタの話をするためのマクラと考えてください．

ダイオードにはトランジスタより多くの特徴のある使い方があります．電流が流れる方向（順方向）に電圧をかけて整流，検波，スイッチング，……といったもろもろの使い方がありますし．電流が流れない方向（逆方向）に電圧をかけて可変容量ダイオードや定電圧ダイオードとして使うなど，トランジスタには見られない独特な使い方があります．

ダイオードの規格表（CQ出版社刊など）を見ると，用途別に「一般整流用ダイオード」，「小信号用シリコン・ダイオード」，「定電圧ダイオード」，「可変容量ダイオード」等々ダイオードのデパートのように用途別に分類された部屋に案内されます．その分類された用途の中で定格を読み分けるのは比較的わかりやすい作業です．

さてこれに対し，トランジスタの規格表はなんと殺風景なことでしょう．分類はされていますが，「2SA」，「2SB」，「2SC」，そして「2SD」と，これだけしかありません．

私たちはまずこの四つのタイプのトランジスタのどれにするか，から始めなければなりません．規格表の欄が1行違うだけで，スイッチング用であったり電力用であったりするので，検索は自分でやるしかないデータベースです．

しかもこの規格表は国産のトランジスタに限られています．外国のものはインターネットで調べることになります．

表7-1に，トランジスタを選択するときの手順をチェックシート風にまとめました．

---

① **回路図が決まっているのでそのトランジスタを使うしかない**
　→ それも結構．しかし入手できないときは代替品を使う．
　　トランジスタ互換表というものもある
② **NPNにするかPNPにするか**
　→ ほとんど「好み」で決めよう．
　　ほかのトランジスタとの組み合わせも考慮する（第8章参照）
③ **最初に目を付けるのは「用途」欄**
　→ せっかく用途を示してくれているのだから無視しないこと
④ **高周波（無線周波）で使うなら「f_T」（トランジション周波数）で選ぶ**
　→ βの値が1になる周波数で，使用周波数の上限の目安になる
　→ できれば「C_{ob}」，「C_{oe}」（コレクタ出力容量）の小さいものを選ぶ
　→ 測定条件が示されていれば，希望条件と比べて参考にする
⑤ **低周波（音声周波）で使うときノイズを気にするか**
　→ 「NF」（雑音指数）や「NV」（出力雑音電圧）の記載があれば参考にする
⑥ **電流増幅率を重視するか**
　→ h_{FE}（直流電流増幅率）の大きなトランジスタを選ぶ
　→ ダーリントン型を選べば「h_{FE}」はひじょうに大きい（第8章参照）
⑦ **最大定格はいずれの場合にも守らなければならない**
　→ 大きな電圧で使用するときには「V_{CBO}」，「V_{CEO}」（最大電圧）に注意
　→ 大きな電流を流すときには「I_C」（最大電流）に注意
　→ 「P_C」（放熱板をつけないときの最大コレクタ損失）
　　「$P_C{}^*$」（無限大放熱板をつけたときの最大コレクタ損失）

表7-1 トランジスタをどうやって選ぶか

表を番号順にチェックしていけば，目指す仕様のトランジスタ候補に到達することになります．

表の①に示したものは，トランジスタの選択というより，キットのような既成の回路図どおりに指示されて行動するだけですが，その場合にも，使うトランジスタの特性を調べ，なぜこのトランジスタを使うのか納得することをお勧めします．

表7-1の②以降はもっぱら規格表を参照する作業になります．

規格表にはまだ説明してない術語が多く出てきますが，あとで振り返ることも含め，多少難しい言葉があっても読み飛ばしてください．しかし**表7-1**に示した定格の項目程度は覚えていただきたいものです．

こうして**表7-1**の各項目を順番にじっくり読み進んでいけば，目的のトランジスタに行き当たることを期待します．

先述したように外国産のトランジスタはインターネットの活用が近道ですが，外国産に限ったことではありません．国産品についてもインターネットは活用しましょう．

そして，調べるときには**表7-1**の各項目と照らし合わせながらチェックすることをお勧めします．

7-7　トランジスタの良否判定

自作の電子回路がうまく働いてくれないときは，以下のようなステップでトラブル・シューティングを進めます．

はじめはトラブルシューティングの一般論からはじめます．

1) 回路図を確認します．自分が描いた回路図であればもちろん，雑誌や書籍から引用した回路図も「回路図が読める」実力が必要です．

2) 配線が回路図どおりに接続されているかを調べます．そのときイモはんだや配線間のブリッジ（ショート）など配線やはんだ付けの質もチェックします．

3) 部品の定格値が回路図どおりであるかチェックします．電解コンデンサやダイオードの極性とトランジスタのエミッタ，ベース，コレクタの位置が正しいかも調べます．

4) 個々の部品の良否をチェックします．部品がついたままであれば，デジタル・マルチ・メータの使用をお勧めします．部品そのものをテスタでチェックするときには，抵抗器がほぼ所定の値を示すか，コンデンサが低抵抗になっていないか，コイルが高抵抗になっていないか，などが予備的な判定になります．

5) またテスタを電圧計モードにして，トランジスタなどにかかる電圧をチェックするのもよい方法です．このときトランジスタのベース・エミッタ間の電圧が0.6V近辺であるかどうかも重要なチェックです．

ここからが本節のテーマの展開になります．比較的わかりにくいのがトランジスタの良否です．トランジスタは足が3本もあるのではんだ付けが終わった基板から取り外すのが厄介なので，トランジスタにつながった2本足の抵抗器などを外してトランジスタを裸にすればチェックが楽です．

ここでは簡単にトランジスタの良否を判定するウラワザを紹介します．**図7-8**はNPN型トランジスタの良否判定を3段階で示したものです．PNP型トランジスタの場合は，図中のトランジスタのエミッタの矢印の向きが変わりますが，テスタの黒と赤の線を入れ替えれば説明にしたがって読み進むだけでOKです．

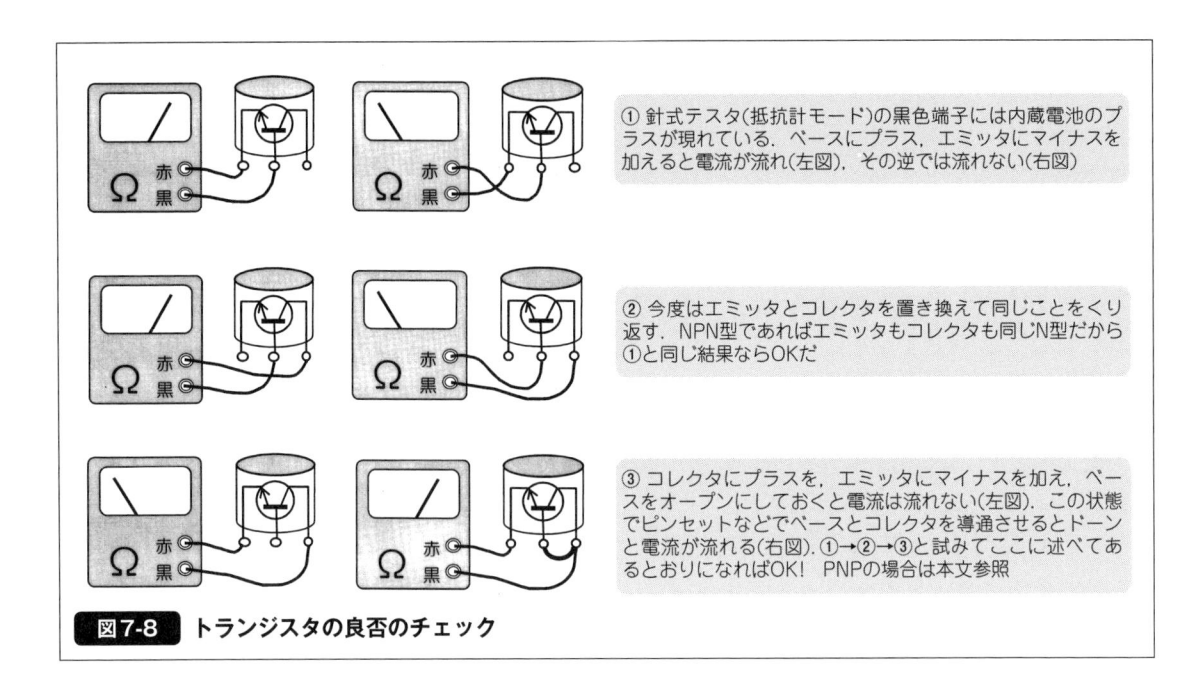

第7章　トランジスタの基本

① 針式テスタ(抵抗計モード)の黒色端子には内蔵電池のプラスが現れている．ベースにプラス，エミッタにマイナスを加えると電流が流れ(左図)，その逆では流れない(右図)

② 今度はエミッタとコレクタを置き換えて同じことをくり返す．NPN型であればエミッタもコレクタも同じN型だから①と同じ結果ならOKだ

③ コレクタにプラスを，エミッタにマイナスを加え，ベースをオープンにしておくと電流は流れない(左図)．この状態でピンセットなどでベースとコレクタを導通させるとドーンと電流が流れる(右図)．①→②→③と試みてここに述べてあるとおりになればOK！　PNPの場合は本文参照

図7-8　トランジスタの良否のチェック

　この判定方法は，針式のテスタに限定されます．それは針式テスタの測定端子(リード)にテスタに内蔵された電池の電圧が現れていることを利用できるからです．トランジスタはお安いからといって無駄に捨てないでくださいネ．

第 8 章
トランジスタ回路

　前章では，トランジスタの原理や増幅機能を得るためのバイアスなど基本中の基本をおさらいしました．

　本章ではいよいよトランジスタを使いこなせるようになるための応用に踏み込みます．前章から引き継ぐバトンは「接地方式」ですが，トランジスタが接地方式によってガラッと性格を変えることを知り，使いわけるためのポイントを学習します．また，特徴のあるいろいろなトランジスタの定番回路をおさらいします．トランジスタ1石によるマイクアンプ程度の自分の増幅器が設計できるところまでがんばってみましょう．

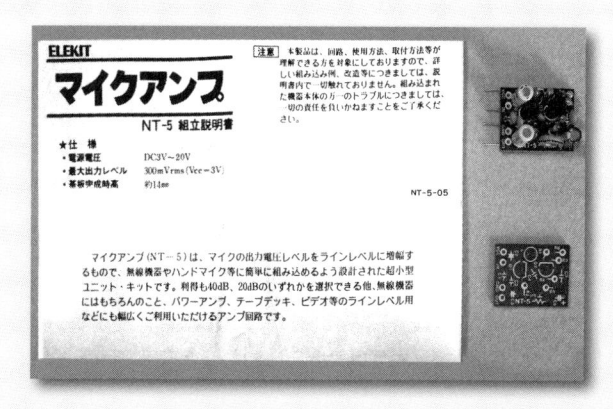

トランジスタの活用は電子回路の「自作」を目標にしたいものですが，（自作とは言いにくい）キットを利用するのもある意味で近道です．
キットは決まった回路で，はんだ付けの穴も用意されておりプラモデル感覚で目的の装置がみるみるでき上がる快感があります．
写真の事例は，マイクアンプです．下が基板，上が組立後です．マイクアンプはトランジスタ増幅器の定番的な入門回路で，この回路を理解できなかったら先へ進めないほど「基本」だらけの教材です．
自作にこだわらず早く成果に触れるのも実力を高める近道といえます．
マイクアンプ級の速成自作は本章でも扱います．

8-1　接地方式の選択

前章では，バイアスが決まったら次は接地方式の選択で，トランジスタが3本足なのでどの足を共通極に使うかが接地方式の分かれ目になるということを述べてきました．しかし，どのような目的の回路にはどの接地方式が向いているかについては，まだその選択基準を示していません．

実は接地方式が異なることによってその増幅器の特性はガラリと変わるのです．ここでは接地方式によって増幅器の特性がどのように変化するのかを紹介し，選択のポイントを提供することにします．

表8-1は接地方式のちがいによる増幅器の特性の比較表を示したものです．増幅器の特性にどのようなものがあるのかはまだ説明していませんでしたが，この表に出てくる各項目は常識的に判断できるような項目ばかりですから，このあとの補足説明によってさらに理解を深めることができると思います．

まず増幅度ですが，すでに第2章，**図2-1**の段階で説明したように「出力／入力」のことです．ところが**表8-1**の項目には電流増幅度や電圧増幅度があり，しかもベース接地の電流増幅度は1，コレクタ接地の電圧増幅度は1，などと記されています．増幅度が1というのは増幅も減衰もしてないということです．入力と出力が同じということです．しかしベース接地の電圧増幅度やコレクタ接地の電流増幅度はしっかり出ています．つまり電力増幅度はあるということです．ここがトランジスタの面白いところです．

入力インピーダンスはその増幅器を入力端子側から見たインピーダンス，出力インピーダンスはその増幅器を負荷側から見たときの(信号源)インピーダンスのことです．入出力の位相で，同相，逆相はあらためて説明するまでもないでしょう．

周波数特性は，低い周波数から高い周波数まで増幅能力があるのが「良い」ということです．**表8-1**から読み取れることをかいつまんでいいますと，まず，ベース接地は低入力インピーダンス，高出力インピーダンス，そして高周波特性がよいので，たとえばFMラジオの高周波増幅回路などに適していそうだということが読み取れます．コレクタ接地は高入力インピーダンス，低出力インピーダンス，電圧増幅度1なので，電圧は変えないでインピーダンスだけ下げる「インピーダンス変換回路」に適していることが読み取れます．そしてエミッタ接地は増幅度も適当に大きく，周波数特性もまあまあなので，主用途の欄にも記したように「汎用」ということが理解できます．

この特性比較表はトランジスタがNPNであってもPNPであっても変わりませんが，トランジスタ自身の個別の特性や電流などによって変動があります．また，スピーカを鳴らす低周波の出力段や，アンテナに給電する高周波の出力段に使用されるパワーに満ちた電力増幅用のトランジスタも，この表がす

接地方式	エミッタ接地	ベース接地	コレクタ接地
電流増幅度	大きい(電流増幅率)	1	大きい(電流増幅率)
電圧増幅度	大きい(数千)	数百	1
入力インピーダンス	数百〜数kΩ	低い(数十Ω)	高い(数百kΩ)
出力インピーダンス	数十kΩ	高い(数百kΩ)	低い(数百Ω)
入出力の位相	逆相	同相	同相
周波数特性	まあまあ良い	良い	良い
主用途	汎用	高周波増幅	インピーダンス変換

表8-1　接地方式による特性の比較

べてあてはまるものではありません．小信号の増幅器が主体であることを念頭に置いておいてください．

なお，半導体回路の専門家の人たちは，トランジスタの内部定数を組み合わせて増幅度やインピーダンスを計算式にまとめ，**表8-1**よりもっと詳しい特性表を発表していますが，複雑になってしまうので，あちらこちらを普通語に書きなおして**表8-1**にまとめたものです．

[参考書籍：吉本猛夫 著；トランジスタ技術SPECIAL No.86「初心者のための電子工学入門」（CQ出版社）のp.146など]

8-2　エミッタ接地方式の増幅器の設計

増幅器の設計手順はとても簡単です．接地方式を決めたら，あらかじめ抵抗主体でバイアスを構成した回路に交流入力を加え，その回路から交流出力を取り出せば増幅回路が完結します．このことはすでに7-5「バイアスが決まったら」の中で，エミッタ接地方式を事例にして交流入力を加えるところまでは説明済みです（**図7-7**）．

ここからは，一気に三つの接地方式について設計の手順を紹介します．最初は本節8-2でエミッタ接地方式の増幅器の設計方法を展開しますが，先述のようにエミッタ接地方式の手順は**図7-7**でも説明しましたから同じ目的の繰り返しになりますが，念のため今回は角度を変えて説明したので**図7-7**も参考にしながら読み進んでください．

ではエミッタ接地方式の増幅器を設計してみましょう．

図8-1はトランジスタに交流信号を入力する回路の設計手順を示したものです．

図8-1の①は，**図7-6**の①と同じものです．トランジスタはあらかじめバイアス設定されていることが前提となります．

図8-1の①のトランジスタの部分を，実際にバイアス設定されている具体的な回路に描き直したものが**図8-1**の②です．この図は，**図7-5**のバイアス回路と**図8-1**の①の交流入力回路が重ね合わさってできたものです．コンデンサは直流を通さない目的で使うのですが，あまり小容量のものではインピーダンスが大きくなるので使用周波数に応じて容量を選び分けます．

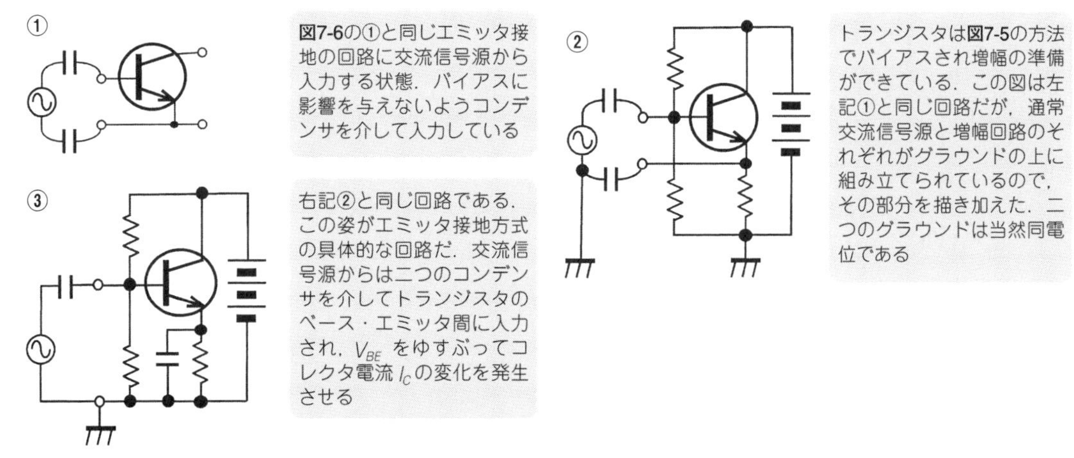

① 図7-6の①と同じエミッタ接地の回路に交流信号源から入力する状態．バイアスに影響を与えないようコンデンサを介して入力している

② トランジスタは図7-5の方法でバイアスされ増幅の準備ができている．この図は左記①と同じ回路だが，通常交流信号源と増幅回路のそれぞれがグラウンドの上に組み立てられているので，その部分を描き加えた．二つのグラウンドは当然同電位である

③ 右記②と同じ回路である．この姿がエミッタ接地方式の具体的な回路だ．交流信号源からは二つのコンデンサを介してトランジスタのベース・エミッタ間に入力され，V_{BE}をゆすってコレクタ電流I_Cの変化を発生させる

図8-1 エミッタ接地増幅器への交流入力

たとえば音声周波数領域では1〜100μFというような電解コンデンサを使用し，中波帯の高周波領域では0.01〜0.1μF程度のマイラーかセラミックのコンデンサを使います．それ以上の周波数領域では10pF〜0.01μF程度のセラミックかスチロールのコンデンサを使います．

表4-1や**図4-7**も参考にしてください．

図8-1の②にも述べたように，交流信号源も増幅回路も通常はグラウンド（接地）のうえに組み立てられているので，接地の図記号も付け加えてあります．

そして**図8-1**の②を整理して描き直したものが**図8-1**の③です．回路図らしくなりましたね．

ここまでは入力回路の設計です．すなわち**図7-7**の③と同じものです．

図8-2は，入力された交流信号が増幅されて，変化したコレクタ電流から，変化した交流分を取り出す二つの方式を示したものです．

増幅はコレクタ電流がバイアスで設定された電流値を中心に増減を繰り返して変化するものですが，**図8-2**の①ではその電流変化分をトランスを介して出力端子側に出力しています．

図8-2の②のほうは，トランスを使わないで抵抗器R_Lの両端に増幅された増減電圧を取り出すものです．コンデンサを介して取り出せば増減電圧の交流分のみを出力できます．

抵抗器R_Lはバイアス設定用の抵抗器ではなく，コレクタ電流をオームの法則によって電圧に変換するための，交流のために必要な抵抗器です．

抵抗器R_Lの両端には，あらかじめ設定したバイアス電流のため電圧が消費（?）されますが，この値が大きいと結果的にバイアスに影響が出てきて，**図7-4**の③のような出力波形になってしまいます．R_Lの抵抗値は大きいほうが大きな電圧出力が得られますが，出力波形がクリップされないギリギリの値に設定する必要があります．いろいろな大きさの入力が想定されるときには，許せるかぎり余裕をもって小さな値を選びましょう．

8-3 ベース接地方式の増幅器の設計

エミッタ接地方式の増幅器と同じような手順でベース接地方式を**図8-3**に解説します．このうち**図8-3**の①はコレクタの初期電流を設定するバイアス回路を再掲したもので，**図8-3**の②の回路から，**図**

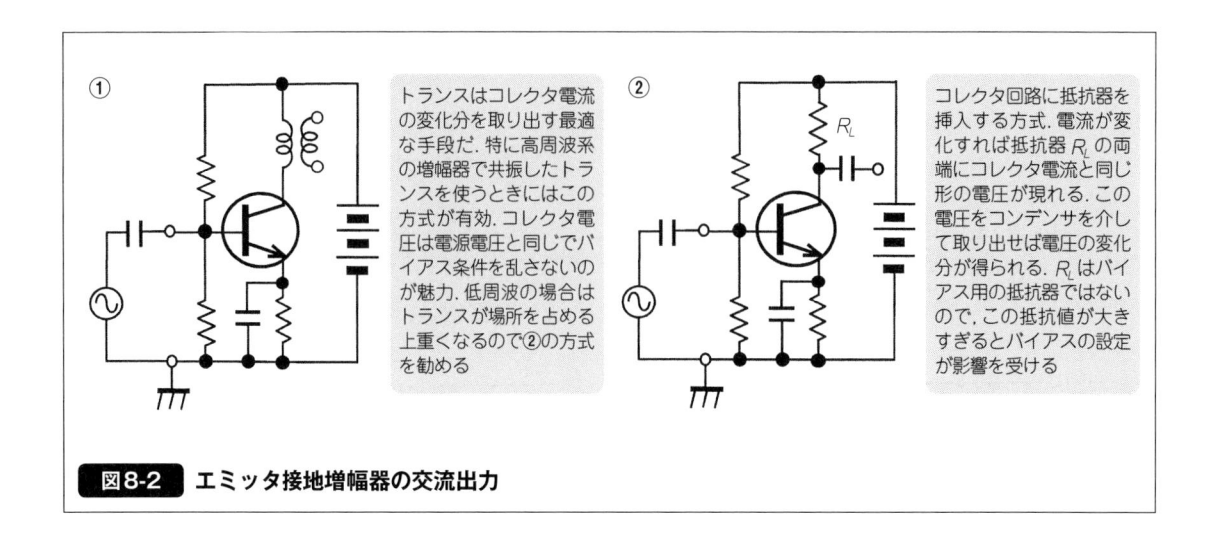

図8-2 エミッタ接地増幅器の交流出力

8-4 コレクタ接地方式の増幅器の設計

8-3の③の回路に展開するときのために用意したものです．

図8-3の説明にしたがって読み進めばベース接地増幅器への交流の入力方法は理解できると思いますが，図8-3の③に示したバイアス回路が図8-3の①の回路と同じものであることがわからなければ先へは進めません．結局，図8-3の④に示す回路がベース接地増幅器の交流入力のための具体的な回路ということになります．交流入力は二つのコンデンサを介してエミッタ・ベース間に加えられてV_{BE}をゆすぶっています．ゆすぶられたV_{BE}は増幅され，コレクタ電流を初期設定値の上下に大きく変化させるというメカニズムになっています．

ベース接地増幅器からこの変化分を取り出す方法を図8-4に示します．ベース接地方式は，後述するように高周波特性がよいので，図8-4の①の姿で出力を取り出すのがお勧めです．FMラジオの高周波増幅器などでよく見かけます．

8-4 コレクタ接地方式の増幅器の設計

はじめに「コレクタ接地」の意味を再確認しておきましょう．コレクタにはバイアス設定のため通常は電源のプラス側の電圧がかかっています．電源のマイナス側は通常はグラウンドに直接つながってい

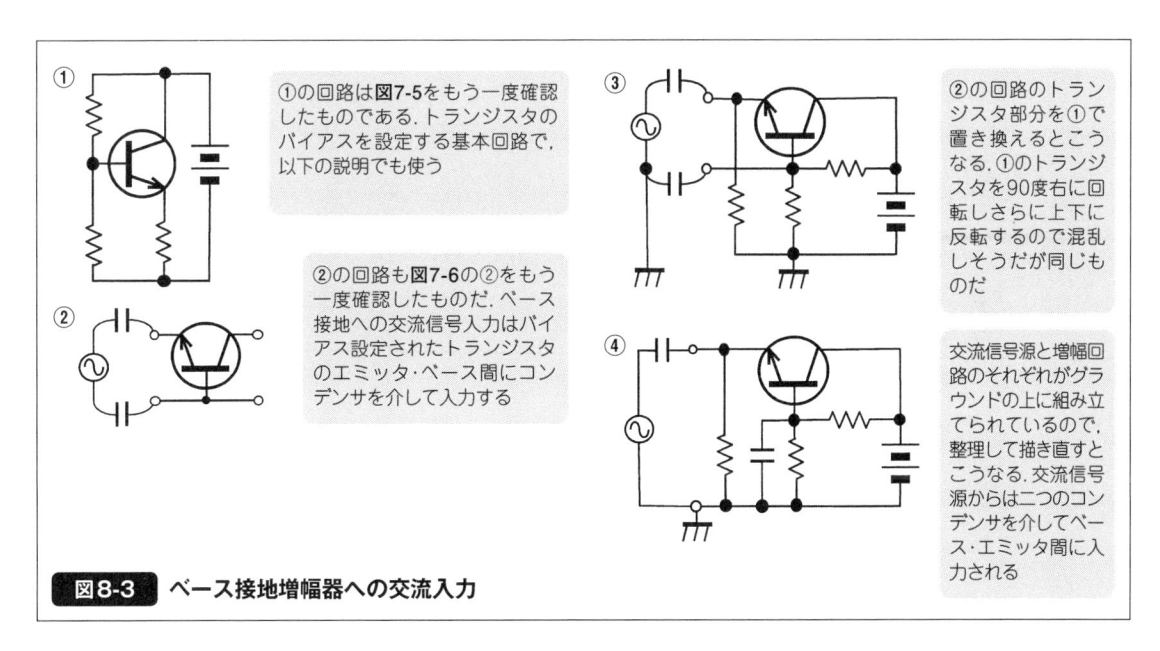

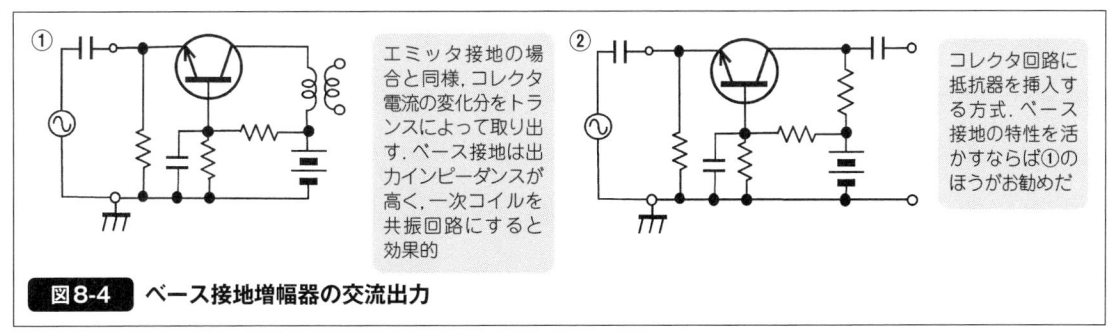

図8-3 ベース接地増幅器への交流入力

①の回路は図7-5をもう一度確認したものである．トランジスタのバイアスを設定する基本回路で，以下の説明でも使う

②の回路も図7-6の②をもう一度確認したものだ．ベース接地への交流信号入力はバイアス設定されたトランジスタのエミッタ・ベース間にコンデンサを介して入力する

②の回路のトランジスタ部分を①で置き換えるとこうなる．①のトランジスタを90度右に回転しさらに上下に反転するので混乱しそうだが同じものだ

交流信号源と増幅回路のそれぞれがグラウンドの上に組み立てられているので，整理して描き直すとこうなる．交流信号源からは二つのコンデンサを介してベース・エミッタ間に入力される

図8-4 ベース接地増幅器の交流出力

エミッタ接地の場合と同様，コレクタ電流の変化分をトランスによって取り出す．ベース接地は出力インピーダンスが高く，一次コイルを共振回路にすると効果的

コレクタ回路に抵抗器を挿入する方式．ベース接地の特性を活かすなら①のほうがお勧めだ

ます．では，プラス電圧のかかったコレクタを接地するとは何のことでしょうか．

結論をいうと，エミッタ接地，ベース接地，コレクタ接地の「接地」とは，交流に関してのみの「接地」であって，電線で直接グラウンドに接続するのではなく，交流をよく流すコンデンサを介してグラウンドにつなぐという意味なのです．コンデンサを介する目的は，設定されたバイアスの直流条件を乱さないためです．

くどいようですが，トランジスタの回路を設計するにあたってあらためてルールをまとめると，「増幅可能な条件を整える作業がバイアス設定で，これは抵抗器の組み合わせで行い，接地方式の選択や交流信号の入出力はコンデンサ経由で行う」となります．

さて図8-5はコレクタ接地増幅器の動作を説明したものです．コレクタが交流的に接地されていることを示したものが図8-5の②と③です．図中に破線でコンデンサをつないでありますが，電源のように交流的にインピーダンスの低い素子や装置などはどの部分を取っても（交流的に）グラウンドなのです．電源のプラスとグラウンドとの間にコンデンサを入れた回路は多く見かけ，プラスのラインのグラウンド化はより確実ではありますが，このコンデンサが入っていなくても電源のプラスのラインは（交流的に）グラウンドと心得ましょう．

いよいよ本節の本題であるコレクタ接地増幅器の動作の説明に入ります．

図8-5の①に示すように，エミッタ接地やベース接地の増幅はV_{BE}をゆすぶってコレクタ電流を変化させて出力を得るメカニズムでしたが，コレクタ接地は考え方を変える必要があります．図8-5の①のトランジスタの部分を具体的にバイアス設定された回路に置き換えると図8-5の②のようになり，さら

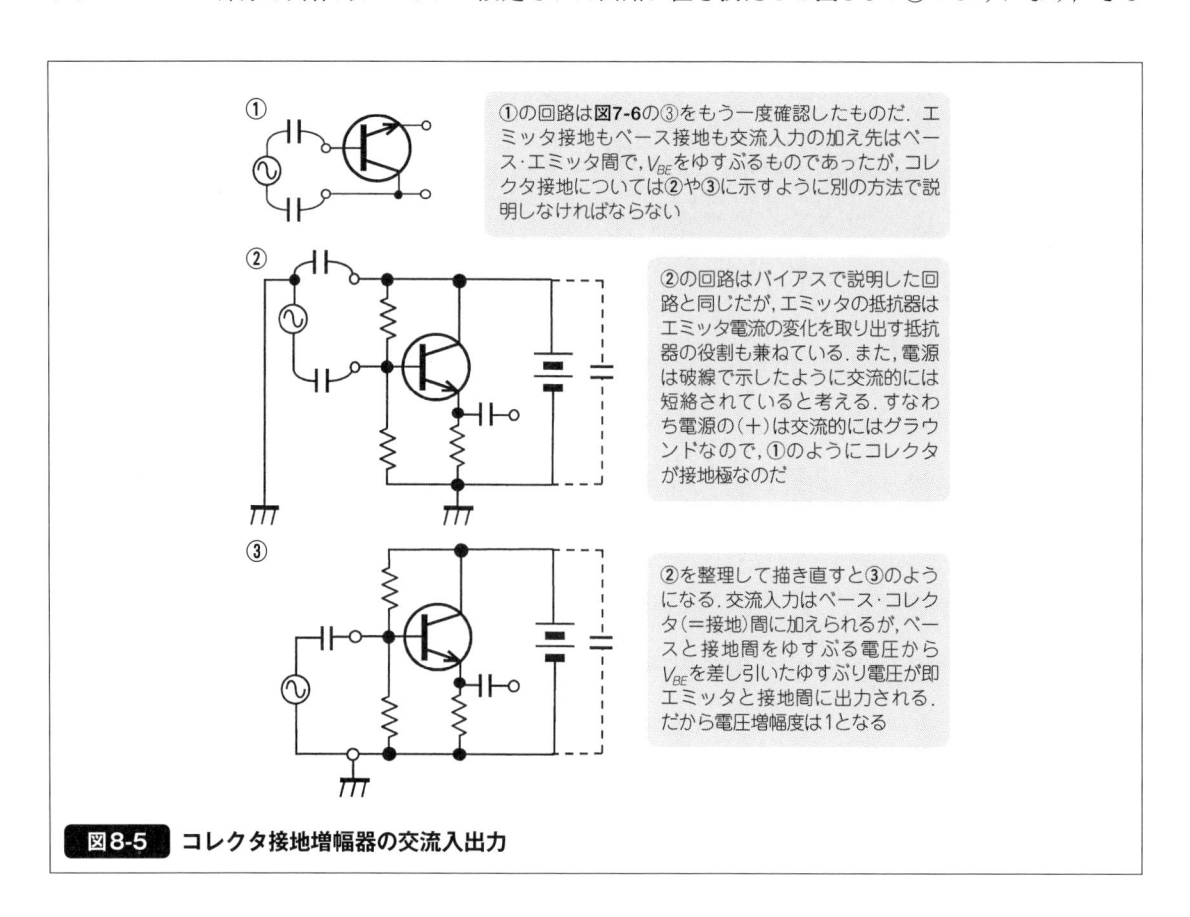

図8-5 コレクタ接地増幅器の交流入出力

に整理すると**図8-5**の③のようになります．

よく見るとエミッタから得られる出力電圧は，バイアス用のエミッタ抵抗の両端から取り出しています．そして図中にも述べたように，ベースに加えられた交流（のゆすぶり）電圧はV_{BE}だけ差し引かれてエミッタ側に出力されることになります．

ということは，電圧は増幅されないことになります．増幅器ではないのか．いいえ，そんなことはありません．8-1節で説明済みです．

なおコレクタ接地の増幅器は，別名でエミッタ・フォロアと呼ばれます．このような増幅は真空管時代から存在し，カソード・フォロアと呼ばれました．

8-5 エミッタ抵抗器$R_E = 0$を見直す

いままでトランジスタのバラツキの影響を回避するために，エミッタの回路に抵抗器を挿入してきましたが，バラツキによってどのような問題があるのかはくわしく説明してきませんでした．また，電源がたとえば単三型電池1個(1.5V)を使ったような回路のバイアスはどうすればよいのかについては先送りしてきました．これらについて掘り下げましょう．

手っ取り早く1.5Vで動作させたいエミッタ接地方式の増幅器を考えます．

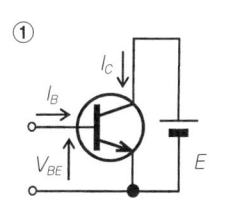

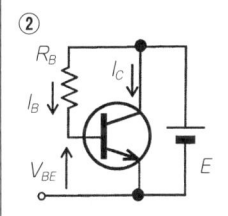

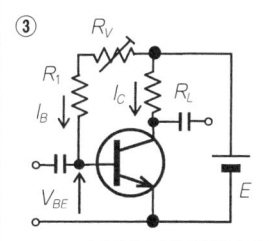

トランジスタは2SC1815を想定．I_CはI_Bにh_{FE}（電流増幅率）を乗じたものだから，

$$I_C = h_{FE} \times I_B$$

となる．何らかの方法で正確なI_Bを作れたらI_Cもピシッと決まりそうだが，規格表を見るとh_{FE}は70～700と10倍のバラツキだ．これを上式に入れると$I_B = 50\mu A$として，I_Cは3.5mA～35mAとばらつく．だからh_{FE}が回路の特性に現れるような設計はしないのが教訓でもある．②ではh_{FE}ごとにR_Bを加減しI_Cを安定して5mAにすることを考える．

$$I_B = \frac{5mA}{70} \sim \frac{5mA}{700}$$
$$= 70\mu A \sim 7\mu A$$

$E = 1.5V \quad V_{BE} = 0.6V$

とするとR_Bにかかる電圧は0.9Vであるから，

$$R_B = \frac{0.9V}{70\mu A} \sim \frac{0.9V}{7\mu A}$$
$$= 12.9k\Omega \sim 129k\Omega$$

となり，R_Bをこの範囲で加減できればよい．この結果を踏まえ③のような回路にする．R_Bを$R_1 = 12k\Omega$の固定抵抗器と$R_V = 120k\Omega$の半固定抵抗器とを直列接続したものに置き換え，I_Cを監視しながら半固定抵抗器を調整すれば5mAに設定可能となる．電流の監視はコレクタ回路に挿入した抵抗器R_Lの両端の電圧を見て行う．R_Lは5mA流したときに$E/2 = 0.75V$になるよう選ぶと最適バイアスとなる．これを計算すれば，

$$R_L = \frac{E/2}{5mA} = 150\Omega$$

となる．R_Lは③のようにそのまま負荷用の抵抗器として使える．もしコイルやトランスの1次側を負荷にするのであれば，仮にR_Lを挿入しておいてコイルなどを取り付けるときに取り外すようにすればよい．ちなみに増幅度は下式で概算される．

$$A \fallingdotseq \frac{R_L[\Omega]}{26/I_C[mA]}$$

図8-6 R_Eが0Ωであるときの設計

図8-6の①は，エミッタ抵抗器R_Eを挿入しなかったらコレクタ電流がどのくらいバラつくのかを規格表から計算したものですが，なんと10倍におよぶことがわかります．では，トランジスタを交換するつどコレクタ電流を一定値に合わせこむようにベース抵抗器R_Bを調節したら，いったいどのような範囲の抵抗値になるのか，それを計算したものが図8-6の②です．

この範囲も10倍になりますが，図8-6の③に示すように，固定抵抗器と半固定抵抗器を直列にしてR_Bと置き換えることにより，正確なコレクタ電流を設定できます．

実はエミッタ抵抗器R_Eがなければ，いくつかメリットが出てきます．

まず電源電圧が1.5Vなど低い値のときにはR_Eで消費する電圧がもったいないのです．たとえばR_Eを470Ωにし，これに1mA流すと0.47Vですから，1.5Vから差し引くとコレクタ側で有効に使える電圧は約1Vしか残らないことになり，電圧を浪費するR_Eをなくせば電圧を有効活用することになり，ちょっとしたエコ回路になるのです．

また，抵抗器R_Eを使わずエミッタから直接グラウンド回路に接続することは，エミッタからコンデンサを経てグラウンドに落とすよりもはるかに完全な接地が行われるといえます．

言いかえると，静電容量が無限に大きいコンデンサで接地したことになります．

このような観点から，電源が1.5Vのときに限らず，$R_E = 0$方式を自作するときの定番にしてみたらいかがでしょうか．図8-6をまねして設計すれば，思ったとおりのマイ回路が設計できるでしょうから参考にしてください．

8-6　ダーリントン接続

1個のトランジスタではh_{FE}（電流増幅率）が小さすぎるというときに手軽に利用される回路に，ダーリントン接続があります．図8-7の①に代表的なダーリントン接続の回路とその原理を示します．ダーリントン接続された2個のトランジスタは，①の右図に示されたような1個のトランジスタと等価ですが，そのh_{FE}（電流増幅率）はそれぞれのトランジスタのh_{FE}の積に相当する大きな値となります．

実はこのような接続が内部で行われているようなトランジスタは市販されており，たとえば規格表（CQ出版社刊）を見ると2SC4347〜2SC4353（いずれもNEC）のh_{FE}はほかのトランジスタに比べてダントツに大きな数値が認められます．そして規格表の電極接続備考欄に，「Da」というダーリントン接続である記号が記載されています．外観的にはダーリントン接続かどうかの区別がつかないので注意が必要です．

ダーリントン接続は図8-7の②に示すように3段でも可能です．図8-7中に示したように2段でも3段でも，等価であるトランジスタのV_{BE}は各トランジスタのV_{BE}の和になります．

図8-7の③は小電流領域の直線性を改善するために抵抗器を入れた回路です．先に述べた事例のトランジスタのように，電力の制御に使用される場合は特に気を付ける必要はありませんが，信号レベルが広範にわたる場合にはこのような配慮も求められます．

図8-7の④はひと味ちがったインバーテッド・ダーリントン接続です．この回路では等価的にPNPトランジスタとなります．

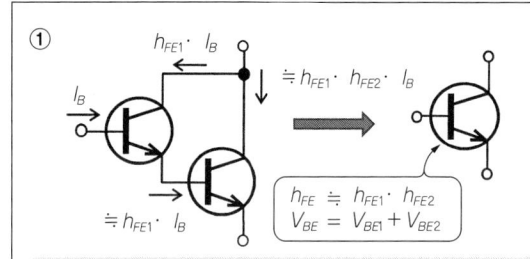

ダーリントン接続 8-6

①

$h_{FE} ≒ h_{FE1} \cdot h_{FE2}$
$V_{BE} = V_{BE1} + V_{BE2}$

①の左図は代表的なダーリントン接続例を示す．第1のトランジスタにベース電流I_Bが入力されるとそのコレクタ電流は電流増幅率倍，$h_{FE1} \cdot I_B$となり，エミッタ電流もほぼこれに等しい．さらにこの電流が第2のトランジスタに入力されるので第2の電流増幅率が乗じられて図示したようなコレクタ電流となる．この状態は等価的に右図に示したような1個のトランジスタと考えることができる．このトランジスタの電流増幅率およびV_{BE}は，それぞれ各トランジスタの増幅率の積およびV_{BE}の和と等しい

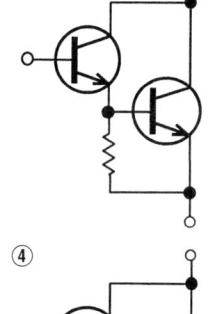

②

$h_{FE} ≒ h_{FE1} \cdot h_{FE2} \cdot h_{FE3}$
$V_{BE} = V_{BE1} + V_{BE2} + V_{BE3}$

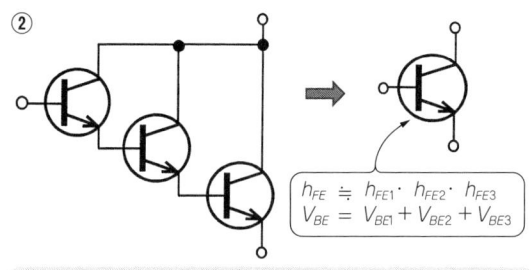

①に示したことは②のようにトランジスタが3個の場合にも成り立つ

③は第2のトランジスタのベース・エミッタ間に抵抗を入れて小電流領域の直線性を改善したものだ．基本的には①と同じ

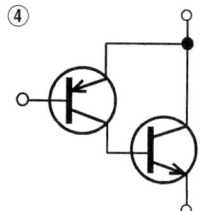

④は第1トランジスタにPNP型のトランジスタを使用したもので，第2のトランジスタのベース入力以降については①と同じだ．第1トランジスタのV_{BE}によってコントロールされるので，等価的にはPNP型トランジスタとして動作する．インバーテッド・ダーリントン接続と呼ばれる

図8-7 ダーリントン接続

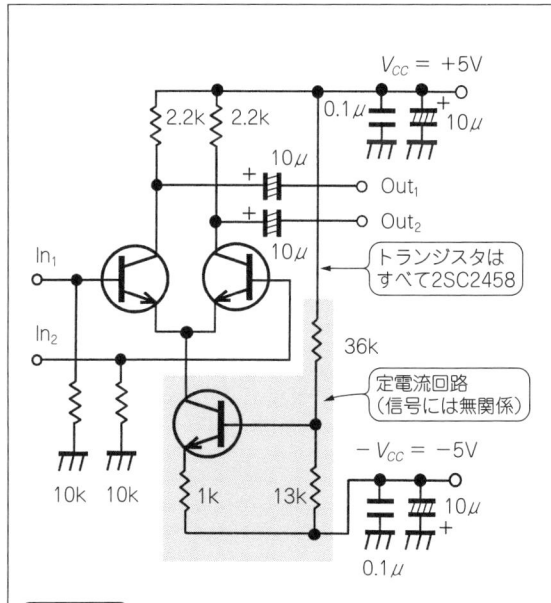

『トランジスタ技術 1990年12月号増刊』(CQ出版社)から引用した．複数のトランジスタやバイポーラ系のI_Cを給電する電源には，V_{CC}(FET系の電源にはV_{DD})という文字がよく使われる．この図の場合は±5Vの2電源でグラウンドの電位が0Vだ．図中の網かけ部分は定電流回路と呼ばれる．5V+5V=10Vを36kΩと13kΩで分割するので13kΩの両端には，

$$\frac{10 \times 13}{(13+36)} = 2.6V$$

の電圧がかかっている．したがってエミッタ抵抗器の1kΩの両端には2.6-0.6=2Vの電圧が発生．すなわちトランジスタのエミッタ電流は定電流の2mAとなる．信号にかかわるトランジスタの一方のエミッタ電流が増えると他方のエミッタ電流が減り，定電流回路に吸い込まれる合計のエミッタ電流は常に2mAだ．
差動増幅器は通常このようにプラスとマイナスの2電源で構成され，二つのトランジスタのエミッタどうしを接続して定電流回路に吸い込ませるように組み立てられている．入力はIn_1，In_2と2組あり，出力もOut_1，Out_2と2組ある．これが差動増幅器の基本的な姿だ

トランジスタはすべて2SC2458

定電流回路（信号には無関係）

図8-8 差動増幅器の基本回路

8-7 差動増幅器

トランジスタを複数個使って増幅する著名な方式はダーリントン接続のほかにもいくつかあります．中でもOPアンプと呼ばれる増幅器のルーツとなる差動増幅器が有名です．

図8-8に代表的な差動増幅回路を示します．いきなりコンデンサや抵抗器の数値の入った回路図を示すことになりますが，このような具体的な回路を示したほうが理解を助けると思われるからです．回路の構成は図中にくわしく説明したとおりですが，いままでおさらいしてきたことと勝手が違うのは，グラウンドを中心に＋5Vと－5Vの二つの電源を使っていることでしょう．そして二つのトランジスタのベースはそれぞれ抵抗器を介してグラウンド（＝0V）につながっているので，（0Vに近い）わずかな電圧でもベースに入れてやればそのまま増幅対象の入力になり，簡単に直流の増幅器ができあがります．

実際の増幅がどのように行われるかを**図8-9**に示しました．いままでの「〇〇接地」などとはかなり異質の増幅器なので，できるだけ具体的に説明しました．じっくり読んでください．

図8-9からの結論は，二つのトランジスタの入力が異なるときに増幅し，二つのトランジスタの入力に差がないときは増幅せず出力もないというのが差動増幅器だということです．

直流増幅はトランジスタ1本でもできないことはありませんが，一般にトランジスタで増幅するとき

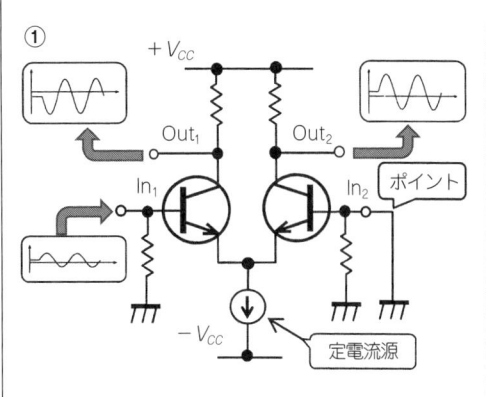

① この図は図8-8から必要なエキスのみを取り出して描いた．定電流回路は①の図記号で表すことになっている．出力回路のコンデンサは省略した．入出力端子は図8-8の名称，In_1, In_2, Out_1, Out_2と一致させてある．①は「ポイント」と記したようにIn_2をグラウンドに落とし，In_1から図に示したような交流信号を入力したときに出力端子からどんな信号が出力されるかを見たものだ．交流波形が始まる前に少しだけ直流のみの部分があるが，この部分が出力にどう現れるかも見ている．直流部分も含め増幅された出力波形は見てのとおり．意外に思うだろうが，In_2のベースをグラウンドに落としたトランジスタの出力端子Out_2からも入力と同じ波形の増幅出力が出力されている（同位相）．一方，入力した側のトランジスタの出力端子Out_1からは入力とは逆位相の増幅出力が出力されている．もちろんOut_1とOut_2との間の電圧をバランス状態で取り出せば，図で示した波形の2倍の電圧が得られる．このときの増幅度はトランジスタ1本によるエミッタ接地方式増幅器の増幅度とほぼ似通ったものである．このように差動増幅器は二つの入力端子間の差電圧を増幅するものである

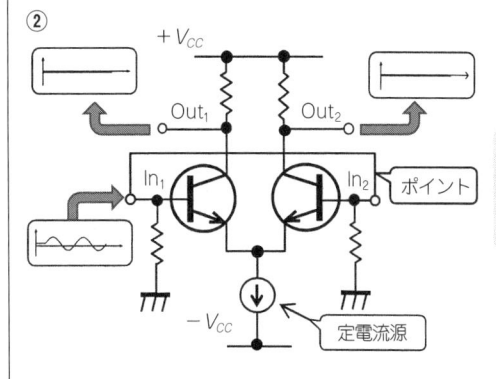

② ②は「ポイント」と記したように，二つの入力端子どうしをつないでまったく同じ入力を加えた状態．どちらの出力端子からも増幅されたような出力は出てこない．①で説明したように，二つの入力端子間の差電圧が0だから増幅するものがないのだ

図8-9 差動増幅器の基本動作

にはV_{BE}を変化させてやる必要があります．しかしV_{BE}はもともと温度による変化が大きく不安定要素があるのに対し，差動増幅器ではV_{BE}に温度変化があっても，二つのトランジスタとも変化が同じであれば差が一定なので増幅することなく，温度変化分を除くことができるわけです．この意味からも二つのトランジスタの特性がそろっていることが望ましく，この目的のためにわざわざ特性のそろった「デュアル・トランジスタ」を使うことができるように準備されています．同じような作り方をして一つのパッケージに収めたものですが，OPアンプの普及に伴い最近は減ってきています．規格表では「Du」の符号で特定されています．

さて，±電源のような2電源方式の嫌いな方むけに**図8-10**のような単電源方式の差動増幅器もあります．入力回路に結合用のコンデンサを使用するため直流増幅はできませんが，**図8-8**の回路と同じ感覚で使うことができます．

8-8　2段直結アンプを垣間見る

複数個のトランジスタを直接つないで回路を構成する重要な事例，ダーリントン接続と差動増幅器とをおさらいしました．

直接つなぐ回路はまだまだあります．バイアスさえ設定できれば少ない部品で回路を構築できるのが一番です．そのような回路が私たちの周辺にあります．I_Cの世の中になって自作する人はずいぶん減っているようですが，オーディオ用のプリアンプはその代表例といっても過言ではありません．

図8-11にその事例を示します．図の中で負帰還（ネガティブ・フィードバック＝NFB）という言葉を説明なしで使っていますが，第11章で扱います．

特に覚えておいてほしいのは，システムの中でフィードバックがあるときにその系が安定かどうかを判断する手法です．**図8-11**の①に述べたような手順を参考にして自分のものにしていただきたいと希望します．

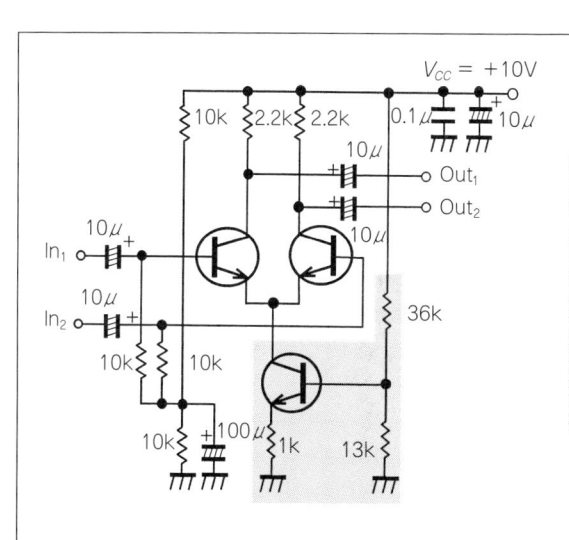

> 図8-8の回路からこの回路を作るのは簡単である．±5Vを+10Vの単電源にするために，まずいままでの−5Vラインをグラウンドにし，いままでの+5Vラインを+10Vラインにする．そしていままでのグラウンド・ラインを電源の中点となる+5Vラインに変更すればよい．変更はこの回路では+10Vを10kΩの抵抗器2個で2等分している．ベース電流はわずかなので10kΩとか22kΩ程度の抵抗器で十分2等分できる．このラインが雑音などで乱されないようにするために，100μF程度の電解コンデンサを入れて交流的にグラウンドと同レベルにする．あとは入力回路にコンデンサを入れるのみ．2電源の回路を単電源に変えて回路をリフォームするときには，この手法をまねしてほしい

図8-10　単電源の差動増幅回路

8-9　速成自作アンプ

　せっかくバイアス，接地方式，交流の入出力をおさらいしてきたので，その集大成として実験に便利なトランジスタ1石のエミッタ接地方式の増幅回路の自作をガイドします．トランジスタ1石でできる増幅器は，マイク・アンプのほか，実験回路の多目的アンプとして利用の分野は広いと思われます．

　ここで紹介する設計例を参考にすれば，必ず自分で「マイ回路」を組み立てることができるでしょう．いままでのレッスンとちがうところは，電圧，電流，抵抗値，コンデンサの容量に具体的な数値を入れ，その数値も慣例上どのように選ぶかというノウハウにも触れます．ノウハウというとカッコよく聞こえますが，通常ハムのOMさんたちや企業の電子回路屋さんたちの実験室では習慣として結構いい加減な判断のもとに部品の選択が行われていて，その気軽な行動を伝授したいと思います．たとえば330Ωの抵抗器を使いたいときに目の前に390Ωがあったら，これでもいいかなと思いつつその場で390Ωを採用してしまうなど，結構柔軟な態度で部品選択を進めているのです．

　これを行きあたりばったりの「いい加減」と見るか適切な「良い加減」とみるかですが，330Ωと390Ωとの間に厳しい結果の差異が出ないかぎり，後者の「良い加減」なのです．

　図8-12に2段階に分けて設計の進め方を示します．題して「速成自作アンプ」です．図の①は例によっ

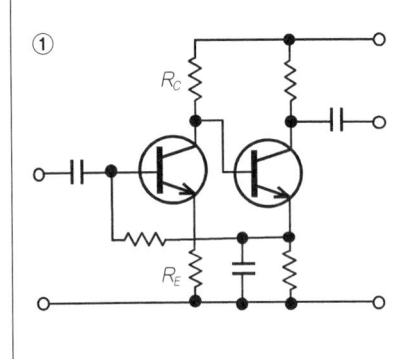

> 初段トランジスタのコレクタ・エミッタ間の抵抗プラスエミッタ抵抗 R_E と，コレクタ負荷抵抗 R_C とで電源を分割した電圧を次段のベースに加えると，次段の電流が流れてエミッタ抵抗に電圧が発生する．この電圧を初段のベースに加えて初段のコレクタ電流を流すという負帰還バイアスで，安定した2本一括のバイアス設定を達成している．なぜ安定した負帰還バイアスかを説明しよう．仮に初段トランジスタのベース電圧が上がろうとすると，初段のコレクタ電流が増えようとする．その結果 R_C の両端の電圧が増えて初段のコレクタ電圧は減ろうとする．すなわち次段のベース電圧が減ろうとして次段のコレクタおよびエミッタ電流が減ろうとしてエミッタ抵抗の両端の電圧も減ろうとする．この電圧が減れば初段のベースの電圧も減ろうとする．この「仮」の話のスタートは，初段のベース電圧が増えようとしたのに，めぐりめぐって減る方向が戻ってきて落ち着いている．したがってこのバイアスは安定した設定になっているといえる．システムが安定かどうかはこのようなたどり方で判定すればよい．ちなみに R_E はバイパス用のコンデンサがないが，電流負帰還用の抵抗器であり初段の増幅度は以下に示すような値となっている
>
> $$A \simeq \frac{R_C}{R_E}$$

> ②の回路は①の回路に C_F および R_F という負帰還（NFB）用の素子を付け加えて周波数特性を改善したものである（C_F は単なる直流阻止用）．この回路はステレオアンプのプリアンプ部として定番的なものである

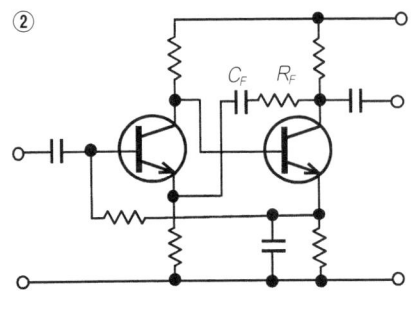

図8-11　2段直結のアンプ事例

8-9 速成自作アンプ

てバイアスの設定，②は交流の負荷抵抗の決め方についての説明です．どちらもためらわず，良い加減に大ナタをふるって割り切っていることが特徴です．たとえばエミッタ抵抗は，470Ωでも使えるという議論もせずに，「エイヤーッ」と330Ωに決めつけています．気軽な設計で親しみがわくでしょう？ バイアスのほうは，いままでもくどくどと説明を繰り返してきたので，図の解説が十分理解できると思いますが，②のR_Lの選択については少し補足しておきましょう．

トランジスタのコレクタの対グラウンド電圧V_{CG}は，交流信号がないときにはバイアス電流I_Cによって生じるエミッタの対地電圧V_{EG}になっています．入力があってベースの電圧が少しでも増えるとI_Cは増えますが，いくら増えても，V_{EG}に増加分$R_L \times I_C$を加えたコレクタの対地電圧が電源電圧Eを超えることはできません．別の言い方をすればEとV_{EG}との電圧差は交流出力の飽和電圧値なのです．

仮に$R_L \geqq (E - V_{EG})/I_C$とすると交流出力電圧は入力を加える前から飽和していることにもなります．このへんを考慮し，交流出力を飽和しにくいようにR_Lの両端に発生させるには，交流信号の入力がない状態でコレクタの対地電圧がEとV_{EG}との中間程度の大きさであればよく，その関係をR_Lに求めた条件が**図**8-12の②に示した関係式です．

②では電解コンデンサの極性に言及していますが，特に注意を要するのは入力端にある電解コンデンサの極性で，この端子が他の装置のどのような（直流）電圧部分とつながるのかということです．よく考えて回路図に極性を記しておきましょう．

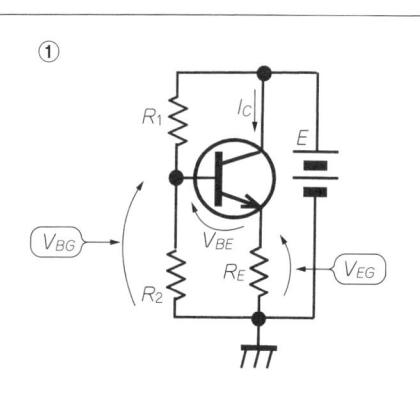

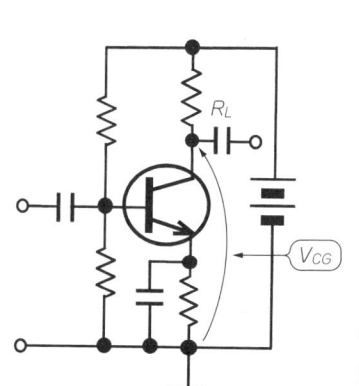

①は図7-5の実践版である．
(1) エミッタ抵抗R_Eを決めてかかる．
　Eが3VならR_Eを330Ωに，
　Eが4.5～6VならR_Eを470Ωに，
　Eが9～12VならR_Eを1kΩに決める．
(2) コレクタ電流I_Cを決めてかかる．
　Eが3～5VならI_Cを0.5mAに，
　Eが6～12VならI_Cを1mAに決める．
(3) 上記でエミッタ対地電圧V_{EG}が決まる．
　すなわち　$V_{EG} = R_E \times I_C$
(4) ベース対地電圧は　$V_{BG} = V_{EG} + 0.6$
(5) $R_2 = 5.6$kΩと決めてかかると，
　$R_1 = 5.6 \times E/V_{BG} - 5.6$（単位はkΩ）
　この計算値に近い標準値のR_1を選ぶ．

②は図8-2の②と同じものである．
ここではコレクタに挿入される抵抗R_Lの値と各コンデンサの容量値を決める．
(1) 出力は電源電圧Eとコレクタ対地電圧V_{CG}との差の電圧の中で振幅するので，R_Lが大きすぎると，コレクタ対地電圧V_{CG}が飽和してグラウンドレベルにはり付いてしまうので適当に小さい必要がある．一つのめやすとして以下のようにする．

$$R_L \leqq \frac{E - V_{EG}}{2 \cdot I_C}$$

(2) コンデンサはすべてバイパス用である．アンプの使用周波数帯が低周波なら数十μF，高周波なら0.001～0.1μFを選ぶ．電解コンデンサの場合は極性と耐圧に注意すること

図8-12　速成自作アンプの設計手順

8-10　ゼロバイアス（C級）アンプ

　先に「7-3 トランジスタの活用の第一歩バイアス」のところで，波形を意図的にひずませて増幅するケースもある，と述べました．この方法は入力波形を忠実に増幅して出力させる目的には使えませんが，高周波の増幅器にはしばしば使われる魅力的な回路です．

　特にFM波のような振幅が変化しない高周波に向いており，部品数も少なく，増幅効率もよいので，FM送信機のドライバ以前の回路には最適です．

　図8-13に動作原理を示します．

　図8-13は，コレクタ回路に①共振回路がない場合，②入力周波数と同じ周波数の共振回路がある場合，③入力周波数の3倍の周波数の共振回路がある場合のそれぞれ三つの事例を示します．

　トランジスタがゼロバイアスということは，（V_F以上の）入力波形があるときだけ増幅能力があるということですから，その時だけ増幅して①に示したような波形が出力されるということになります．このような波形は正弦波の片割れですが，正弦波ではない「非正弦波」と呼ばれています．非正弦波はフーリエ級数という数学の力を借りて，もとの周波数の整数倍の周波数の正弦波が寄り集ってできていることが証明されています．寄り集った周波数のうちもとの周波数の成分を基本波，N倍の周波数の成分をN次高調波と呼んでいます．

　基本波や多くの高調波の中から希望の周波数を選択して取り出せれば，その周波数の増幅器として働くことになります．

　図8-13の②は，トランジスタに，入力した信号の周波数とおなじ周波数に共振させた回路を背負わせているので，その周波数成分を出力する増幅器になっています．図8-13の③は，トランジスタに，入力した信号の周波数の3倍の周波数に共振させた回路を背負わせています．したがってたとえば入力が38MHzであれば144MHzが出力され，入力が144MHzであれば432MHzが出力されます．144MHzや432MHzといえばハムにとってはピーンとくる周波数でしょう．このように，入力した信号の周波数を何倍かの周波数に変換して取り出すことを周波数逓倍と呼んでいます．無線機の中では周波数逓倍の技術がよく使われます．

　図8-13のどの場合にも言えることですが，入力はトランジスタのV_Fを超える程度に，あらかじめ増幅されて大きくなければならないことをお忘れなく．

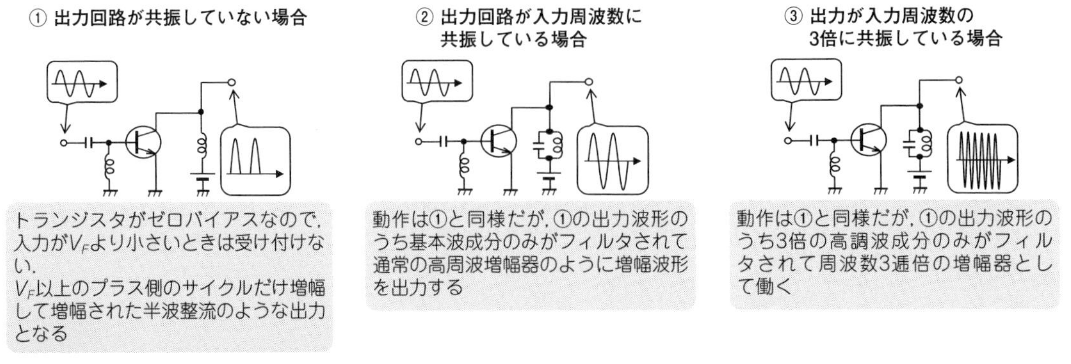

図8-13　ゼロバイアスのアンプ

① 出力回路が共振していない場合
トランジスタがゼロバイアスなので，入力がV_Fより小さいときは受け付けない．
V_F以上のプラス側のサイクルだけ増幅して増幅された半波整流のような出力となる

② 出力回路が入力周波数に共振している場合
動作は①と同様だが，①の出力波形のうち基本波成分のみがフィルタされて通常の高周波増幅器のように増幅波形を出力する

③ 出力が入力周波数の3倍に共振している場合
動作は①と同様だが，①の出力波形のうち3倍の高調波成分のみがフィルタされて周波数3逓倍の増幅器として働く

第9章
FETの基本と回路

　FETは，Field Effect Transistor（電界効果トランジスタ）ですからトランジスタなのですが，接合型のトランジスタとはまるで異なった原理で動作する半導体素子です．

　FETの中でも単純な接合型FETの動作原理は三極真空管とそっくりで理解しやすいのですが，進化につれていろいろなモードに発展したため，ビギナーには理解が追い付けなくなっているのが現状のようです．

　いままで扱ってきたトランジスタと，これから扱うFETとを区別するため前者を単にトランジスタ，後者を単にFETと呼ぶことにしますが，昨今のFETには種類も多く，トランジスタをしのぐ分野も存在しています．先端技術のLSIは，ほとんどMOS FET構造になっているほど半導体のけん引役を担っている素子ですが，本章ではその基本中の基本である接合型FETを中心におさらいし，MOS型は垣間見る程度にします．

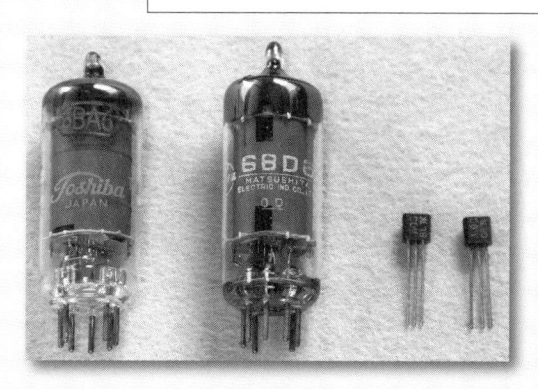

　真空管とFETを並べたので，また懐古趣味の昔話が始まるのかと思われそうですが，この写真の意義は単なる昔話ではなく，重要なことを紹介しようとしています．
　FETは真空管と同じ「電圧増幅型デバイス」なので，昔から愛用していた真空管式のラジオや無線機をFETで簡単にリニューアルできます．真空管の電圧を直接FETに加えることはできませんから，電源をFET用のものにつなぎかえ，入出力をそっくりFETにつなぐだけでOKです．写真の真空管は中間周波増幅の定番6BD6と6BA6です．FET化するには絶好のターゲットです．

第9章 FETの基本と回路

9-1 接合型FET

第7章の7-1でトランジスタの生みの親を紹介しました．ではFETの生みの親は誰でしょう？

ここにもトランジスタの親の名前が出てきます．ショックレー（William Bradford Shockley，米国）が1952年に発想しています．ということはFETとトランジスタとは同時進行で発明されたことになりますが，製造技術のうえでトランジスタが先行したようです．

FETの動作はきわめてわかりやすいものです．**図9-1**にNチャネルの接合型FETの動作原理を示します．

図9-1の①と②のように，ソース電極Sからドレイン電極Dに向かって電子が連続して流れる通路の中間点にゲート電極Gを設け，電子と同じマイナス極性の電圧をかけて電子の関所を設けることがポイントです．ゲート電極GはN型半導体の中に接合型ダイオードのような形でP型電極を設けたもので，それゆえに接合型FETと呼ばれます．後で触れるMOS型のFETは，PN接合の電極を使っていません．

電流は電子の流れとは逆方向に流れるのでDからSに向かいますが，関所の電圧にしたがって電流がコントロールされるのです．

電流がコントロールされるようすは**図9-1**の④に示しました．水を流すゴムホースを指でつまんでコントロールするのに似ています．もちろん指の部分がゲートです．

トランジスタはわずかなベース電流でコレクタ電流をコントロールしますが，FETはわずかなゲート電圧でドレイン電流をコントロールします．ゲートには電流がほとんど流れません．トランジスタは

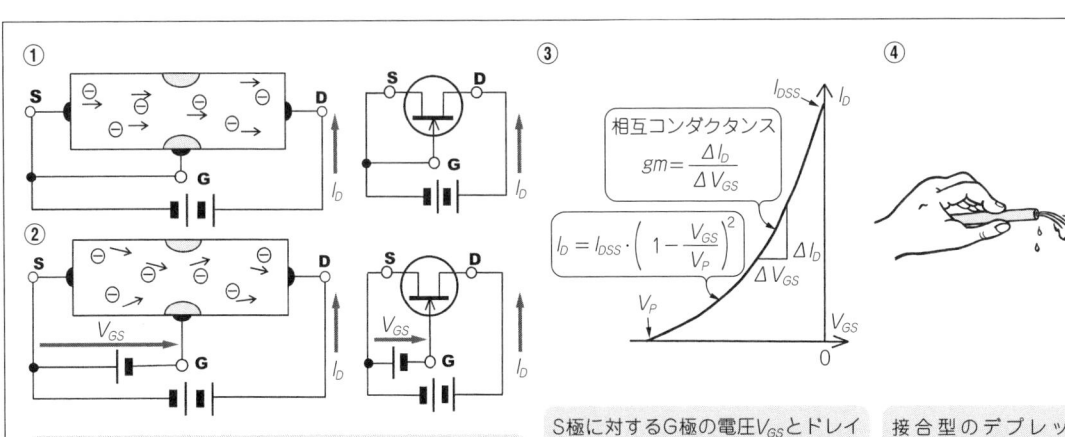

③ 相互コンダクタンス
$$gm = \frac{\Delta I_D}{\Delta V_{GS}}$$

$$I_D = I_{DSS} \cdot \left(1 - \frac{V_{GS}}{V_P}\right)^2$$

①も②もN型の半導体の事例でNチャネルと呼ばれる．電流の運び屋は電子．P型の半導体のものはPチャネルと呼ばれ電流の運び屋は正孔となる．図の電極はFETの電極名（ドレインD，ソースS，ゲートG）を先取りしてD，S，Gと命名した．一般的な接合型FET（ジャンクションFET）の場合は，G電極はP型半導体を接合して電子の通路を取り囲むように構成している．①ではG極がS極と同電位となっており，S極からD極に向かう電子の流れは何の妨害も受けない．右側の図はこれを回路図で示したもの．②はS極に対してマイナスの電圧をG極に加えたもので，S極からD極に向かう電流の通路が等価的に狭くなりドレイン電流I_Dが減少する

S極に対するG極の電圧V_{GS}とドレイン電流I_Dとの関係を③に示す．$V_{GS}=0$でI_Dが最大値I_{DSS}（ドレイン飽和電流）となり，V_{GS}をマイナス方向に大きくするとI_Dは減少し0となる．このV_{GS}をピンチオフ電圧（V_P）という．V_{GS}をプラスにするとI_Dはさらに増加するが，この領域では使用できない．接合型FETのこのような特性をデプレッション型とかデプレッションモードと呼ぶ．規格書によってはデプリーションともいう．図中の数式は特性を表す関係式だ

接合型のデプレッションモードに限らず，FETの原理を端的に表現したものが④だ．図は水の流れるゴムホースを指でつまんで水流を加減している姿である．このようなたとえはトランジスタにはあてはまらない．三極真空管には使える

図9-1 接合型FETの動作原理

電流制御型，FETは電圧制御型のトランジスタといえます．

ついでに紹介すると真空管もFETと同じ動作原理です．N型半導体の電子に相当する真空管の電子はヒーターで熱せられたカソードから飛び出した「熱電子」で，これがプラス電圧のかかったプレート（陽極＝アノード）を目指して飛んでいく途中でグリッドという関所に差し掛かり，これに加えられたマイナスの電圧によって電子の通過量がコントロールされてプレート電流が変化するという原理です．

図9-1の③は接合型FETの特性を示したものです．この中の関係式はV_{GS}とI_Dとの関係を示す物理的に重要な式で，バイアスを設定するときにまたお目にかかります．

トランジスタの増幅能力は電流増幅率$h_{FE}(=\frac{I_C}{I_B})$で定義されたので，「電流／電流」すなわち「何倍」という数値で表現されますが，FETの増幅能力は電圧制御型なので「出力電流／入力電圧」すなわちコンダクタンス値「何S（ジーメンス）」かで表現します．

具体的には**図9-1**の③に示したように相互コンダクタンス$gm(=\frac{\Delta I_D}{\Delta V_{GS}})$で表現されます．

コンダクタンスは抵抗Ω（ohm＝オーム）の逆数なのでSという単位が公認されてなかった昔は，℧（mho＝モー）というユーモアたっぷりの単位を使ったものです．

gmは真空管の定数にもあるので真空管時代のOMさんたちは，℧を懐かしく思うのではないでしょうか．ちなみに真空管の規格表で6C5，12AX7，6CB6，6SJ7などOMさんがよくご存じのタマのgmを調べると，数千μ℧という値がつぎつぎに出てきます．2SK19というFETのgmは数m℧なので，ほぼ真空管と同じgm値ということになります．

余談ですが，真空管式の無線機や受信機をFET化するのは比較的簡単で，半導体のために電源電圧さえ低くしてやれば増幅器の前後にあるトランス類はそのまま活用できることが多く，置き換えが可能です．

ついでに**図9-1**の中にあるI_{DSS}とピンチオフ電圧V_pの名前も今後また出てくるので知っておきましょう．ピンチオフ電圧は規格表の中では$V_{GS(OFF)}$という名前で記載されていることもあります．

これも余談ですが，ドレインとソースが対称に作られている接合型FETは，ドレインとソースとを入れ替えて使っても正常に動作します．

9-2　MOS型FET

ゲートの電極構造をPN接合ではなく酸化被膜を介して設けたものをMOS型FETと呼んでいます．MOS（＝Metal Oxide Semiconductor）型の出現によってFETの動作にいろいろなバリエーションが生じ，規格上の分類や回路図記号などが複雑になってFETが理解しにくいものになっている傾向があります．

MOS型FETの構造，図記号，特性を**図9-2**に示します．ゲート極が酸化被膜になっても動作原理は**図9-1**の①，②と同様ですが，**図9-2**に示したようにV_{GS}が正の値であっても動作するバリエーションがあることに注意してください．**図9-2**の③に示すエンハンスメント型FETがそれです．**図9-2**の②や③に示したように図記号も変わってきます．特性の上で複雑なのはデプレッション型とエンハンスメント型とをつなげたようなデプレッション＋エンハンスメント型があることです．

この特性のちがいは規格表のモード欄にD，E，DEといった符号で表示されています．

規格表を見て，どのモードのFETがどのような用途に使われるのかをじっくり観察することをお勧めします．なかには例外もありますが，デプレッション型Dの接合型FETは一般的な増幅器用，エン

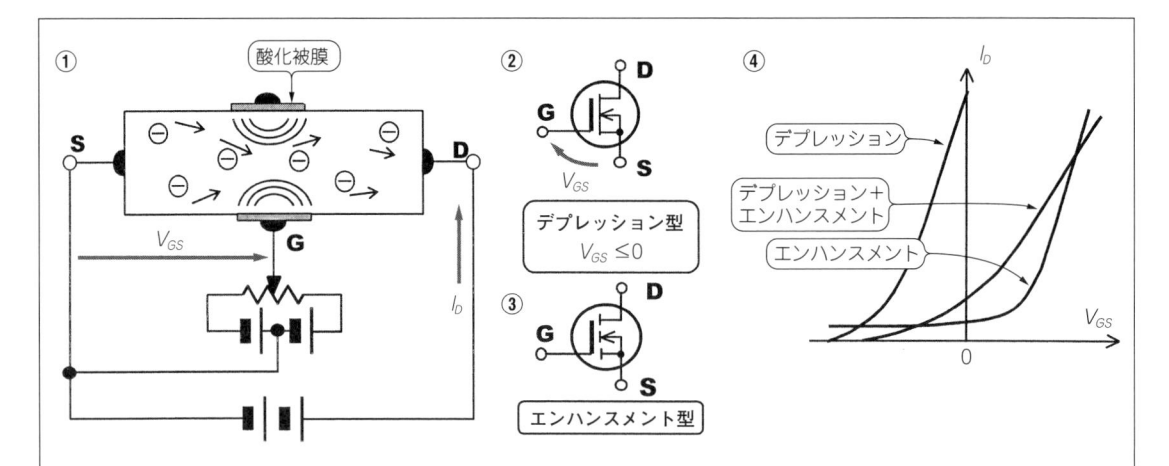

①はMOS型FETの構造イメージ図であるが，ここでもNチャネルのFETを対象とする．動作原理はゲート電極の構造以外は接合型FETと同様だ．接合型FETやGaAs(ガリウムヒ素)FETのゲート入力は図9-1の②に示したようにマイナスのV_{GS}に限られており，特性図も図9-1の③のように縦軸の左側にしか存在しないが，本図の①の回路ではV_{GS}はマイナスからプラスにわたって変化できるようにしてある．MOS型FETは構造によりV_{GS}がマイナス領域でなければ動作しないものとプラス領域でも動作するものが派生する．前者は接合型FET同様デプレッション型(あるいはデプリーション型)と呼ばれ図記号も②に示すようなものになる．後者はエンハンスメント型と呼ばれ図記号も③に示すようなものになる．

④はもう少し細分化して整理した特性図である．V_{GS}がマイナス領域にしか存在しないものはデプレッション型だ．V_{GS}がプラス領域にも広がるものはエンハンスメント型かデプレッション+エンハンスメント型．2SJ/2SKタイプのFETにエンハンスメント型が多く，3SKタイプのFETにデプレッション+エンハンスメント型が多いが最終的には規格表にしたがって活用してほしい．使用事例のある技術資料を参考にすることをお勧めする

図9-2 MOS型FETの構造イメージと特性

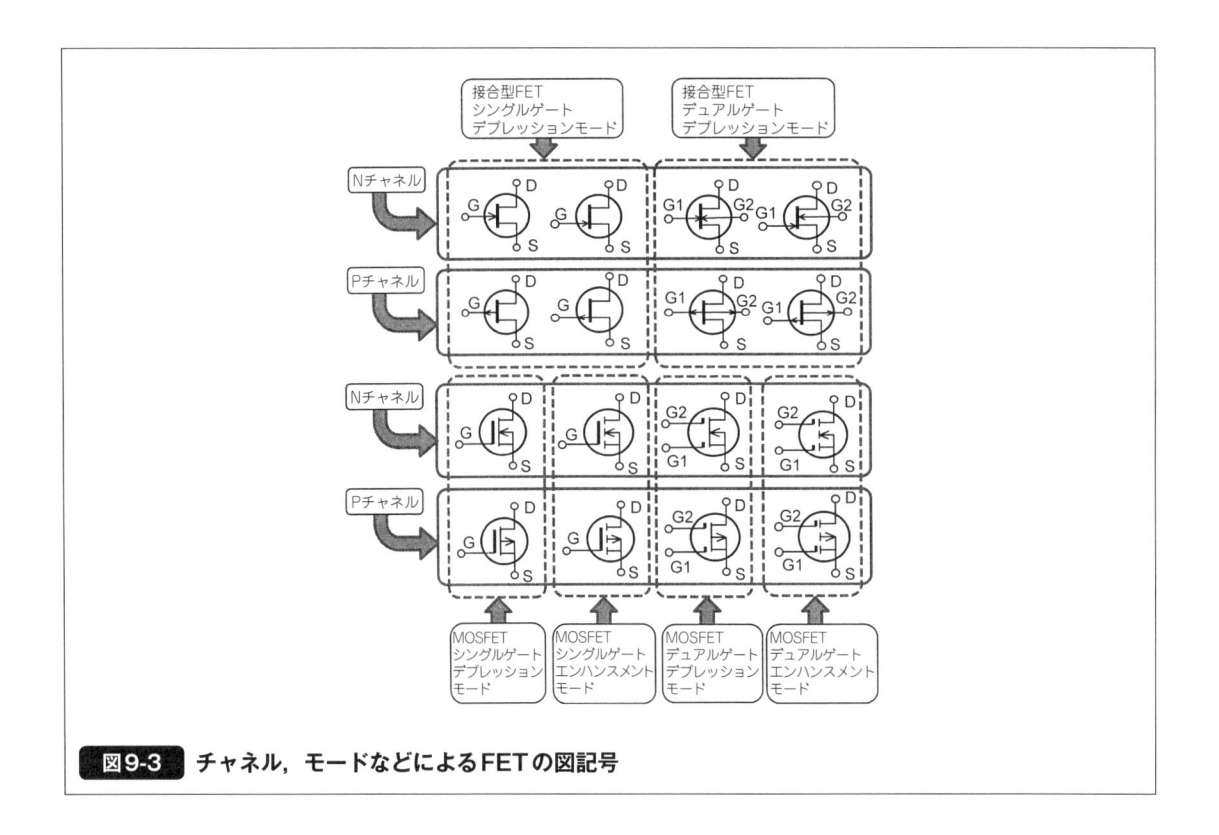

図9-3 チャネル，モードなどによるFETの図記号

ハンスメント型EのFETはSW回路や高周波出力用，またデプレッション+エンハンスメント型DEにはVHF帯やUHF帯のミキサ用途が多く出てきます．

なおGaAs（ガリウム砒素）FETはデプレッション型ですが，SHF RFのミキサ用途が多く見られます．

だんだん話が発散してきたのでFETとは厄介なものだと思われそうですが，とりあえず身近な接合型FETをマスターすることに焦点をしぼって進めましょう．

発散ついでに，チャネル，モード，ゲート数などのちがいによるFETの図記号を**図9-3**に整理しました．蛇足ですが，図記号の中の矢印の向きは電流の流れる向きとは関係ありません．トランジスタのエミッタの矢印もそうでしたね．

9-3 FETのバイアス

トランジスタを動作させるにはバイアスが重要な要素でした．FETの動作にもバイアスは重要な要素です．もう一度バイアスというものをひとくち復習すると，トランジスタやFETに増幅機能を与え

	回路構成	設計式と回路の特徴
固定バイアス	(回路図)	$V_{GS} = V_P \left(1 - \sqrt{\dfrac{I_D}{I_{DSS}}}\right)$ FETの基本的な動作をそのまま回路上で実践したような回路だ．ソースが直接グラウンドなので電圧の利用率が高い． I_{DSS} のバラツキが I_D のバラツキに影響するという弱点がある． RF回路でAGCをかけるときに便利
自己バイアス その1	(回路図)	$V_{GS} = V_P \left(1 - \sqrt{\dfrac{I_D}{I_{DSS}}}\right)$ $R_S = -\dfrac{V_P}{I_D}\left(1 - \sqrt{\dfrac{I_D}{I_{DSS}}}\right)$ もっともよく使われる定番的回路． R_S により I_D のバラツキが抑えられる
自己バイアス その2	(回路図)	$V_{GS} = V_G - I_D \cdot R_S$ $R_S = V_G - \dfrac{V_P}{I_D}\left(1 - \sqrt{\dfrac{I_D}{I_{DSS}}}\right)$ ただし $V_G = \dfrac{R_2}{R_1+R_2}V_{DD}$ R_S の値を I_D に関係なく選べるので設計の自由度が大きい

表9-1 FETの各種バイアス方法（ソース接地） 「トランジスタ技術スペシャルNo.1」（CQ出版社）より引用

るために直流条件を整える「直流設計」です.

表9-1に代表的な接合型FETのバイアスを示します.

ところでFETにはドレイン,ゲート,ソースのどの極を共通極にするかという「接地方式」の問題があります.このことはトランジスタと同じような宿命ですが,**表9-1**の各回路ともグラウンドの表記を見てわかるとおり,そのままソース接地の増幅回路に移行しやすい回路構成にしています.表題にもソース接地と断り書きをしたのはそのためです.

表9-1の読み方について若干補足しておきます.各バイアスそれぞれに設計式が記載されていますが,もう一度**図9-1**の③の数式を見てください.この式の変数は縦軸のI_Dと横軸のV_{GS}で,任意のV_{GS}に対してI_Dが算出できるようになっています.**表9-1**の設計式はいずれも数式書き換えによってV_{GS}とI_Dとの立場を入れ替え,バイアスとして決めたいI_D値にするためにV_{GS}をどのように設定したらよいかを求める設計式にしたものです.

式の中のI_{DSS}やピンチオフ電圧V_pは**図9-1**の③で説明したもので,そのFET個体の特性を示すものです.規格表や技術データから得られます.

なおV_{DD}という電源電圧の表記は,FETを使用した回路の電源に定番的に使われるシンボルで,Dはドレインを意味します.ちなみにトランジスタに対する同等のシンボルはV_{CC}で,Cはコレクタを意味します.必要な場合はV_{DD}の反対側をV_{SS}とし,V_{CC}の反対側をV_{EE}とすることがあります.Sはソース,Eはエミッタの意味です.

9-4 接地方式の選択

前章では,トランジスタが3本足なのでどの足を共通極に使うかが接地方式の分かれ目になるといいました.そして接地方式が異なることによってその増幅器の特性がどのように変化するのかを紹介しました.FETに対しても同じようなことがいえますが,トランジスタとは若干ようすが異なります.たとえば,FETは電圧の増幅素子ですから電流増幅度という項目はありません.特性のそのほかの項目はトランジスタの場合(**表8-1**)と同じです.

表9-2にFETの接地方式による特性の比較表を示しました.**表9-2**から読み取れることをかいつまんでいいますと,まず,ゲート接地は低入力インピーダンス,高出力インピーダンス,そして高周波特性がよいので高周波増幅回路などに適していそうだということ.ドレイン接地は高入力インピーダンス,低出力インピーダンス,電圧増幅度1なので,電圧は変えないでインピーダンスだけ下げる「インピーダンス変換回路」に適していることが読み取れます.そしてソース接地は増幅度も大きく,周波数特性

接地方式	ソース接地	ゲート接地	ドレイン接地
電圧増幅度	大きい(数百)	数十	1
入力インピーダンス	大きくできる	低い(数十Ω)	大きくできる
出力インピーダンス	数十kΩ(負荷抵抗)	比較的高い(負荷抵抗)	低い(数百Ω)
入出力の位相	逆相	同相	同相
周波数特性	まあ良い	良い	良い
主用途	汎用	高周波増幅	インピーダンス変換

表9-2 接地方式による特性の比較

もまあまあなので，主用途の欄にも記したように「汎用」ということが理解できます．

この特性比較表はFETがNチャネルであってもPチャネルであっても変わりませんが，FET自身の個別の特性や電流などによって変動があります．**表9-2**の入力インピーダンスの欄で，「大きくできる」と表現したところがあります．これはバイアス用の抵抗器の接続方法を工夫することによって可能となるものです．その工夫とは，これから参照する**図9-5**の③に述べています．

トランジスタ同様，小信号のFET増幅器が主体であることを意識しておいてください．これもトランジスタのときと同様ですが，半導体回路の専門家の人たちは，gmなどFETの内部定数を組み合わせて増幅度やインピーダンスを計算式にまとめ，**表9-2**よりもっと詳しい特性表を発表していますが，複雑になってしまうので，あちらこちらを普通語に書きなおして**表9-2**にまとめたものです．

［参考書籍：吉本猛夫 著；トランジスタ技術SPECIAL No.86「初心者のための電子工学入門」（CQ出版社）のp.147など］

9-5　基礎的なFET増幅回路

ソース接地方式の増幅回路の事例を**図9-4**と**図9-5**に示します．

図9-4の①や**図9-5**の①に示したように，ソース接地といってもソース極からグラウンドにバイパス用のコンデンサが接続されてないケースも紹介してあります．**図9-4**の②や**図9-5**の②のように，コンデンサが接続されているケースとの関係は後で説明します．

電圧増幅度Aについては，**図9-4**と**図9-5**の①どうし，②どうしはそれぞれ同じ考え方なので**図9-4**と**図9-5**とを読み合わせて補うようにしてください．

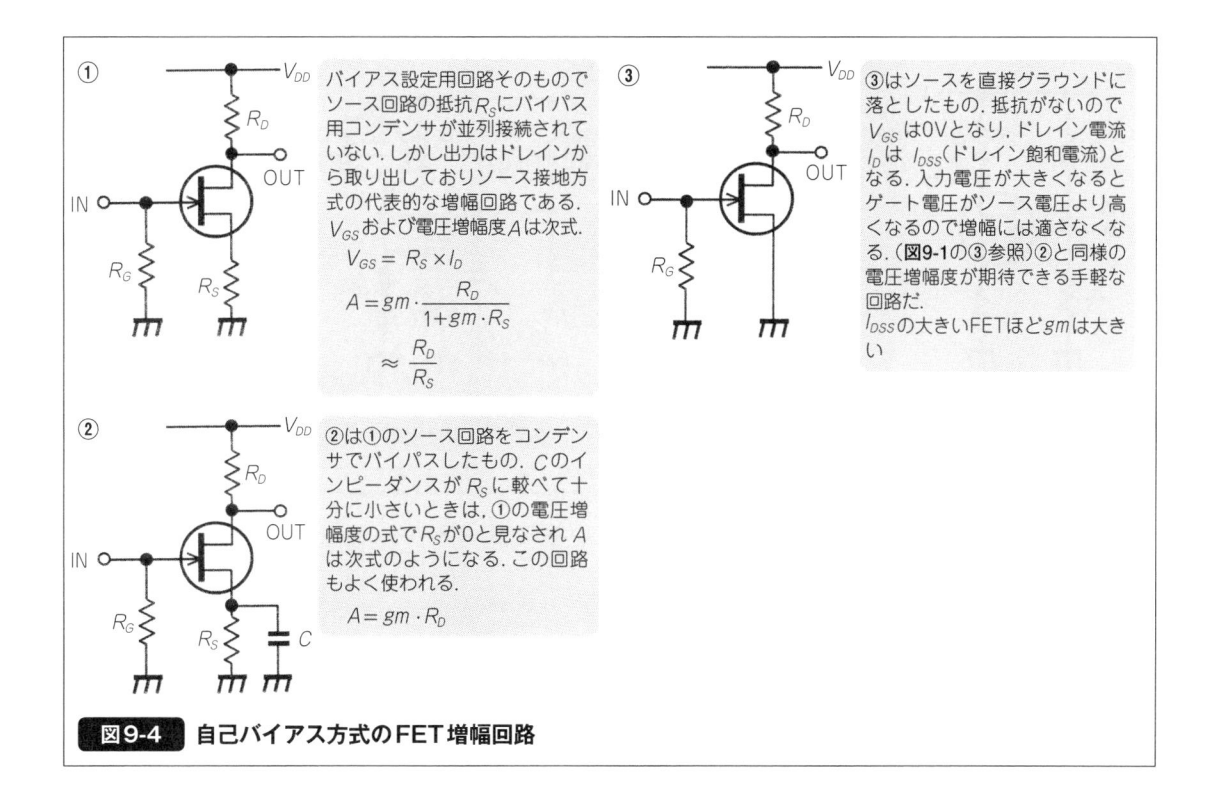

①　バイアス設定用回路そのものでソース回路の抵抗R_Sにバイパス用コンデンサが並列接続されていない．しかし出力はドレインから取り出しておりソース接地方式の代表的な増幅回路である．V_{GS}および電圧増幅度Aは次式．

$$V_{GS} = R_S \times I_D$$

$$A = gm \cdot \frac{R_D}{1+gm \cdot R_S}$$

$$\approx \frac{R_D}{R_S}$$

③　③はソースを直接グラウンドに落としたもの．抵抗がないのでV_{GS}は0Vとなり，ドレイン電流I_DはI_{DSS}（ドレイン飽和電流）となる．入力電圧が大きくなるとゲート電圧がソース電圧より高くなるので増幅には適さなくなる．（**図9-1**の③参照）②と同様の電圧増幅度が期待できる手軽な回路だ．

I_{DSS}の大きいFETほどgmは大きい

②　②は①のソース回路をコンデンサでバイパスしたもの．CのインピーダンスがR_Sに較べて十分に小さいときは，①の電圧増幅度の式でR_Sが0と見なされAは次式のようになる．この回路もよく使われる．

$$A = gm \cdot R_D$$

図9-4 自己バイアス方式のFET増幅回路

3) 部品の定格値が回路図どおりであるかチェックします．電解コンデンサやダイオードの極性とトランジスタのエミッタ，ベース，コレクタ，FETならソース，ゲート，ドレインの位置を確認します．
4) 個々の部品の良否をチェックします．部品がついたままであれば，デジタル・マルチ・メーターの使用をお勧めします．部品そのものをテスタでチェックするときには，抵抗器がほぼ所定の値を示すか，コンデンサが低抵抗になっていないか，コイルが高抵抗になっていないか，などが予備的な判定になります．
5) また，テスタを電圧計モードにして，トランジスタやFETなどにかかる電圧をチェックするのもよい方法です．

比較的わかりにくいのがFETの良否です．トランジスタは第7章の7-6で卒業しています．

FETは基本的に足が3本もあり，はんだ付けが終わった基板から取り外すのが厄介なので，FETにつながった2本足の抵抗器などを外してFETを裸にすればチェックが楽です．

ここでは簡単にFETの良否を判定するウラワザを紹介します．**図9-8**はNチャネル型FETの良否判定を3段階で示したものです．

Pチャネル型FETの場合は，図中のゲートの矢印の向きが変わりますが，テスタの黒と赤の線を入れ替えれば説明にしたがって読み進むだけでOKです．

この判定方法は，針式のテスタに限定されます．それは針式テスタの測定端子（リード）にテスタに内蔵された電池の電圧が現れていることを利用できるからです．トランジスタやFETはお安いからといって無駄に捨てないでくださいネ．

9-7 速成FETアンプ

前章(8-9)で「速成自作アンプ」と題して，手軽に作れるトランジスタ・アンプを紹介しました．抵抗

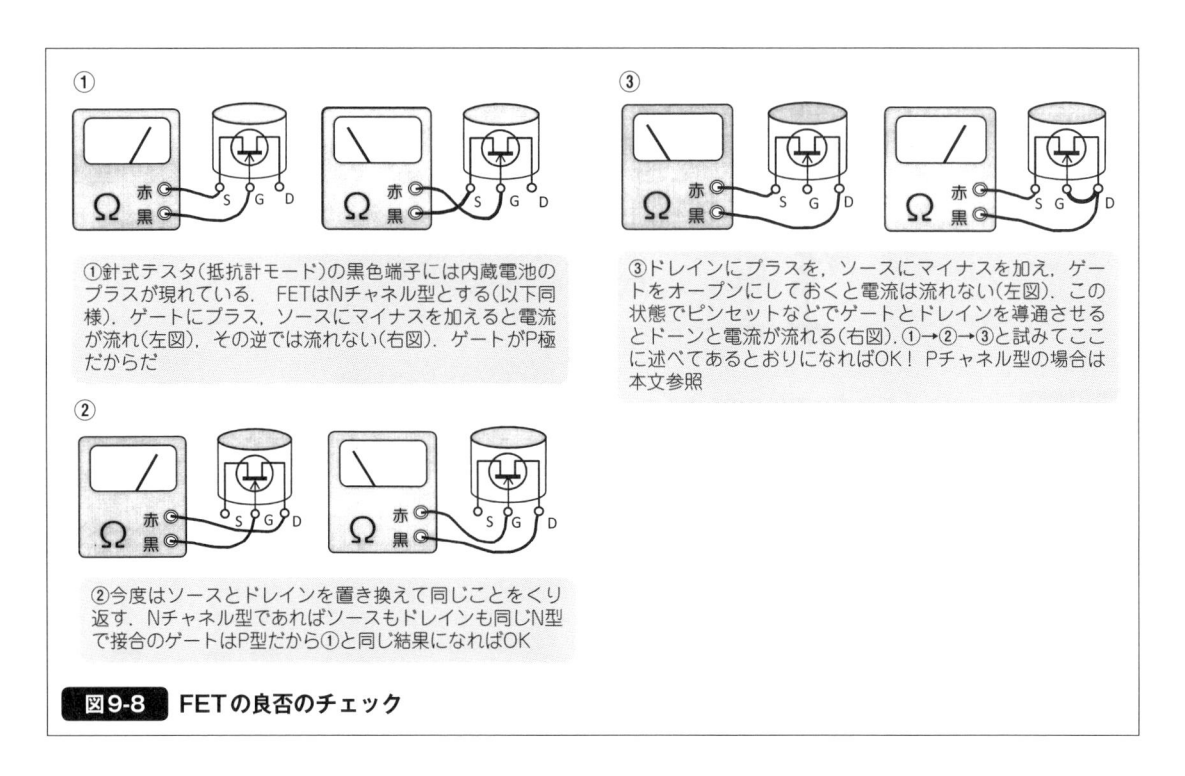

① 針式テスタ（抵抗計モード）の黒色端子には内蔵電池のプラスが現れている．FETはNチャネル型とする（以下同様）．ゲートにプラス，ソースにマイナスを加えると電流が流れ（左図），その逆では流れない（右図）．ゲートがP極だからだ

② 今度はソースとドレインを置き換えて同じことをくり返す．Nチャネル型であればソースもドレインも同じN型で接合のゲートはP型だから①と同じ結果になればOK

③ ドレインにプラスを，ソースにマイナスを加え，ゲートをオープンにしておくと電流は流れない（左図）．この状態でピンセットなどでゲートとドレインを導通させるとドーンと電流が流れる（右図）．①→②→③と試みてここに述べてあるとおりになればOK！ Pチャネル型の場合は本文参照

図9-8 FETの良否のチェック

9-7 速成FETアンプ

値などの決め方もおおらかで，エイヤーッと決めてかかるところが共感を呼んだことと思います．今度はFETでそれを試みることにします．

FETの回路の理屈は，**表9-1**，**図9-4**，**図9-5**などに示されてはいますが，これらの理屈から具体的なアンプを設計するにはまだまだ頭をひねることになりそうです．

トランジスタの電流増幅率h_{FE}に相当するFETの定数はgmですが，この値はI_{DSS}の大きさによって違ってきます．また規格表をみてもgmの値はひと桁程度ばらついているので，規格表から回路を導いてくるのは結構大変です．そこでここでの考え方は実際に電流を流してみて回路定数を決めることにしようというところが特徴です．

エイヤーッと決めるところは**図8-12**に示したような手法によっています．

このことは上記のようなFETの回路の理屈を否定するものではありません．理屈は理屈としてしっ

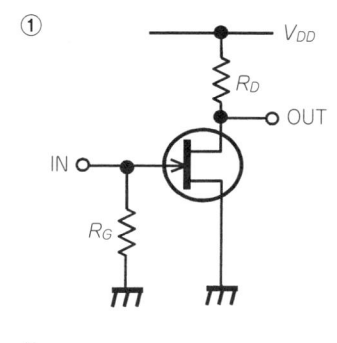

① ①は速成のアンプとしてはひじょうに単純で作りやすい回路だ．
図9-4の③と同じ回路で$V_{GS}=0$だから$I_D=I_{DSS}$である．I_{DSS}は規格表にも載っているが1桁程度のばらつきがあるので以下のように決めたほうが早い．
$R_G=1$MΩとし，R_Dをいろいろ変えてみてR_Dの両端にかかる電圧がV_{DD}の半分程度になるよう選ぶ．
増幅度は
$$A = gm \times R_D$$
となる

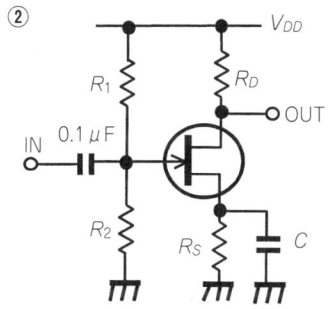

② ②は**表9-1**の「自己バイアス その2」および**図9-5**の②の回路と同じだ．
R_Sは決めてかかろう．たとえばV_{DD}が6Vなら470Ω，12〜15Vなら1kΩと決めてしまう．
電流I_Dも1mAと決めてかかる．R_Dの両端の電圧は$R_D \times I_D$であるがこの値が$V_{DD}-R_S \times I_D$の半分程度になるようにR_Dを決める．
R_2も3.3kΩと決めてかかろう．
その状態でR_1をいろいろ変えてみてI_Dが1mAになるよう選ぶ

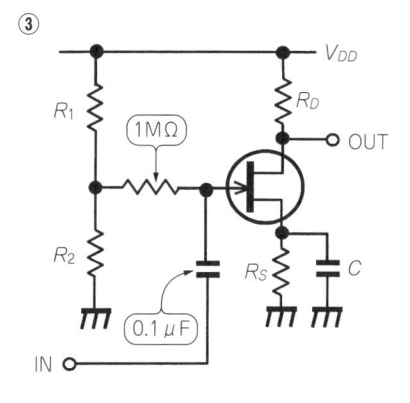

③ ②は入力インピーダンスが高くないことが欠点である．
②のバイアスをそのままにしてインピーダンスを高くしたのがこの③の回路．これは**図9-5**の③と同じだ．
大きなCがあるときは
$$A = gm \times R_D,$$
Cがなければ
$$A \fallingdotseq R_D/R_S$$
となる

図9-9 速成FET自作アンプの設計手順

かり理解していただきたいのですが，ここでのアプローチはアマチュア的な試行錯誤によったものと理解してください．

さて速成FETアンプの設計手順を**図9-9**に示します．①はひじょうに単純な回路で，手もとに置いておきたい実験用の万能アンプです．②は少し複雑になりますが，ソース回路にバイパス用のコンデンサを持っています．このコンデンサを使うかどうかで二つの顔を持つことになります．③は②の回路のゲート部分を高インピーダンスにしたもので，ほかの抵抗器の定数は②と同じものです．②は③を導くための回路説明ですから，最終的には③だけを考えればよいことになります．

二つの顔，すなわちコンデンサがあるかないかによって増幅度がちがってくることに注意してください．しかもコンデンサがない場合は，増幅度が使用した抵抗器の比で表現されているところも面白い結果です．gmに関係がなくなっていることも覚えておきましょう．

このことに関連して**図9-6**に示したように周波数特性のことも覚えておきましょう．

9-8　FETの増幅以外の使い方

FETは増幅器以外にもおもしろい使い方があります．

まず定電流回路があげられます．FETのV_{GS}が一定であればV_{DS}が変化してもI_Dがほとんど変化しない（定電流）特性を利用したものです．

図9-10のような回路を組めば，容易に定電流特性が得られます．Rは電流調節用です．

Rがゼロのとき電流はI_{DSS}となり，Rを変えるとI_{DSS}より小さな定電流が得られます．

定電流特性を必要とする回路は**図8-8**以降に示すような差動増幅器が代表的ですが，そのほかにも**図6-14**に示したような定電圧ダイオードに流す電流源としても有効です．負荷の電流が小さければ，ツェナー・ダイオードの端子電圧はひじょうに安定したものになります．

FETには，SK30ATM，2SK373，2SK246，2SK363等々があります．

図9-11はFETをダイオードとして使う事例を示します．FETのゲートのもれ電流が小さい特徴を活かした使い方で，6-10で紹介したようなOPアンプの保護回路に使えば最高です．

このほかスイッチング回路や，可変抵抗器などの応用が考えられますが紹介のみにとどめます．

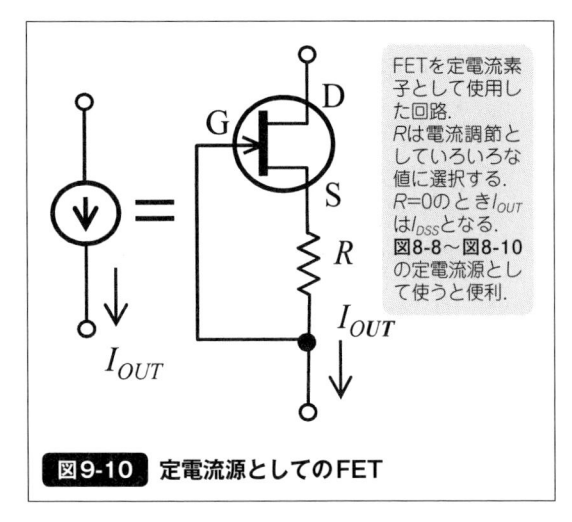

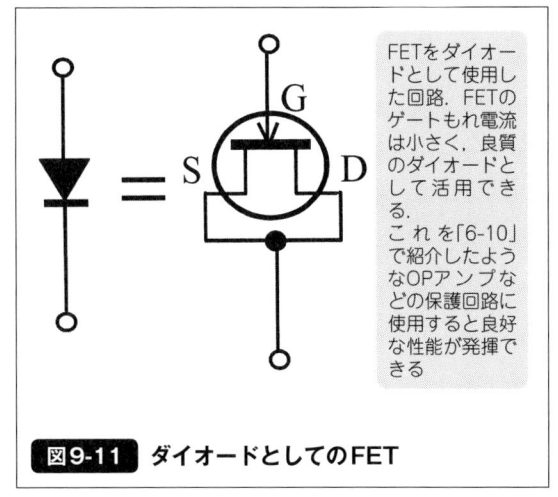

| 図9-10　定電流源としてのFET | 図9-11　ダイオードとしてのFET |

FETを定電流素子として使用した回路．Rは電流調節としていろいろな値に選択する．$R=0$のときI_{OUT}はI_{DSS}となる．図8-8〜図8-10の定電流源として使うと便利．

FETをダイオードとして使用した回路．FETのゲートもれ電流は小さく，良質のダイオードとして活用できる．これを「6-10」で紹介したようなOPアンプなどの保護回路に使用すると良好な性能が発揮できる

第10章

OPアンプの考え方と使い方

　コンサイスでオペ(Operation)を調べると，作用，運転，活動，経営，手術，運算など多くの訳語が出てきます．「オペ」というとすぐに手術を想像する人がいるようですが，OPアンプのオペは上記訳語中の運算に当たります．Four Operationは四則演算すなわち加減乗除のことです．

　OPアンプは演算増幅器と呼ばれるアナログの回路素子です．今日(こんにち)コンピュータといえばデジタル・コンピュータを意味しますが，ひと昔前にはアナログ・コンピュータが認知されていてOPアンプはその演算素子でした．こういうとOPアンプは昔話の主人公のようですが，今日でもトランジスタやFETと並んで独特な回路を切り開く大事な素子なのです．3本足のトランジスタやFETと並んで5本足のOPアンプはこれからの電子回路設計には欠かせない重要な存在です．本章ではこれに集中します．

　これがすべてではありませんが，筆者の本棚からOPアンプの名前がついている本をピックアップしてみました．20世紀発行のものもありますが，OPアンプへの関心の高さがわかります．解説のし方や角度はいずれも独特で，一つの本で満足というわけにはいかないようです．複数の本を読み比べてみて，知識をより深いものにしてください．本章の解説はほんの入り口程度です．

10-1　理想的なOPアンプ

　OPアンプは通常ICの姿をしています．しかしトランジスタやFETと同じ感覚で回路を組むことができるので，ICとはいえ，ぜひ知っておきたい素子です．

　なぜトランジスタやFETと同じ感覚かというと，ICの中身を知ることなく「理想OPアンプ」というものを想定して，ジグソーパズルでも完成させるような手軽さで回路設計が進むからです．

　しかし本格的にOPアンプと取り組もうとすると，理想OPアンプと現実のデバイス（素子）とのギャップに直面し，いろいろと奥の深いノウハウが必要になります．

　そのときには詳しい解説書を読んでグレードアップしていただきたいと思います．ここでは，OPアンプの世界の入り口に立って中を垣間見るような姿勢で臨むことにします．

　表10-1に理想OPアンプの特性例を示します．利得が無限大であるとか出力インピーダンスがゼロΩであるとか，まさに現実離れに見える理想の世界です．しかし中身がギッシリ詰まったICの特性は，項目によってはそんなに現実離れしたものでもありません．

　OPアンプを使った回路設計は，どの特性を重視するかによって品種の選択を行いますが，よほどうるさいことを要求しないかぎり「汎用OPアンプ」で十分です．汎用OPアンプとは，「超」高性能と比較すればそれほどとはいえないけれども，気軽に使える安価なOPアンプのことです．高価な高性能のOPアンプを使えばさぞかし性能の良い回路ができるだろうと，高性能OPアンプを汎用OPアンプの感覚で使うと発振などのトラブルに悩まされることになります．まずは低電圧で使えて消費電力の少ない汎用のCMOS・OPアンプを±5V以下の電源で使ってみることをお勧めします．

　ではこれから先はOPアンプの型名はしばらく棚上げし，理想OPアンプをトランジスタのような感覚で使いこなすことに挑戦します．

①	差動利得	無限大 (dB)
②	同相信号除去比 (CMRR)	無限大 (dB)
③	入力インピーダンス	無限大 (Ω)
④	出力インピーダンス	ゼロ (Ω)
⑤	入力オフセット電圧	ゼロ (V)
⑥	入力バイアス電流	ゼロ (A)
⑦	ノイズ	ゼロ (V)
⑧	周波数帯域	無限大 (Hz)

理想OPアンプの仕様はこのほかにも「電源電圧の変動除去比」＝ゼロなどもあり「理想オンパレード」だ．以下の各項は左表の項目番号ごとの補足説明である．
① OPアンプは基本的に差動増幅器（第8章の8-7参照）なので，出力と二つの入力端子間に加えた信号入力との比が利得になる．増幅度ともいう．理想は∞だが高精度OPアンプでは130dB以上が達成可能だ．
② CMRRは「Common Mode Rejection Ratio」の略．同相電圧の変化に対する入力換算電圧変化をdB（デシベル）の単位で表現したもの．差動増幅器は理想的には同相電圧の影響を受けないはずだが実際には受ける．
③ CMOS・OPアンプには1T（テラ）Ω以上もある．
④ 現実のOPアンプの出力インピーダンスは数十Ω．
⑤ 二つの入力端子をグラウンドに落とすと理想OPアンプの出力はゼロのはずだが実際はゼロでない．この出力を利得で割った等価入力を入力オフセット電圧という．通常は数mV程度．高精度OPアンプでは25μV以下が達成されている．
⑥ 二つの入力端子に流入または流出する直流電流の平均値を入力バイアス電流という．CMOS・OPアンプでは1pA以下を達成している．
⑦ ノイズは種類も多く理論的にも難解なのでここでは紹介程度にとどめる．
⑧ 周波数帯域は利得がどこまで平坦な特性かを示す指標で，規格上はGBW（利得・バンド幅積）で表現する．広帯域OPアンプでは1GHzを達成．

表10-1 理想OPアンプの特性

10-2 OPアンプの基本

図10-1にOPアンプの代表的な端子を示します．入力端子の電圧も出力端子の電圧も対グラウンドの電圧で表現します．誤解されやすいのはOPアンプの図記号の中に「＋」とか「－」の記号があるので，「＋」端子にはプラスの電圧を，「－」端子にはマイナスの電圧を加えるものであると思い込むことです．あくまで「非反転」，「反転」のマークと思いましょう．

電源の加え方は図10-1に注意してあるとおりバランスが大切です．OPアンプの規格表には（二電源ではない）単電源で使うことを表記したOPアンプもありますが，二電源では使えないと主張しているわけではありません．使い方しだいでどちらの電源方式でも使用可能です．厳密には$-V_{EE}$まで入力できるものを単電源用と呼んでいますが，ここでは単電源のことを棚に上げてもっぱら二電源での使い方に的を絞って解説を進めることにします．なお，通常はどのOPアンプにも使用例の示された技術資料があるので，最終的にはその指示にしたがうことをお勧めします．

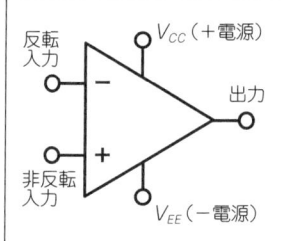

図10-1 はだかのOPアンプと電源

OPアンプには二つの入力端子と一つの出力端子がある．差動増幅器なので通常は二電源が原則．OPアンプ自身にはグラウンド端子はない．電源のV_{CC}とV_{EE}とはCMOSの場合はV_{DD}とV_{SS}になる．
電源はプラス側とマイナス側の電圧が正しく一致していることが要求される．またノイズ排除のため各OPアンプのプラス端子とグラウンド間，マイナス端子とグラウンド間に0.1μF前後のコンデンサを配置的にもバランスよく接続し，OPアンプ数個分まとめて数百μF程度の良質の電解コンデンサをプラス側とグラウンド間，マイナス側とグラウンド間に接続することを勧める．要は直流的にも交流的にもバランスのとれた二電源が必要ということ！

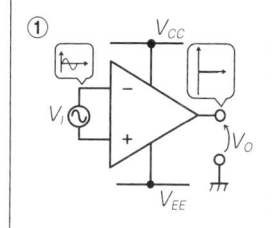

①は差動増幅器だから二つの入力端子間に交流信号を加えると出力が出そうな気がするが，このような接続では動作せず出力は出てこない．②や③のように入力端子のどちらかをグラウンドに落とさなければ増幅器にならない．V_iやV_oはそれぞれ入力電圧および出力電圧の意味であり，②や③についても同様

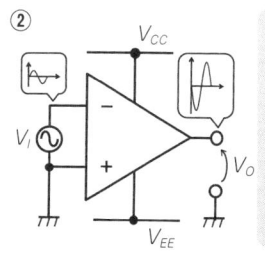

②は非反転入力端子をグラウンドに落とし，反転入力端子に交流信号を加えたものだ．出力は入力と反転した極性になっている．だからこの端子を反転入力端子というのだ．OPアンプの記号の中で「－」記号で示されている．この回路を「反転増幅回路」という

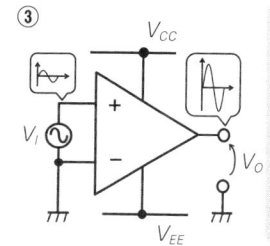

③は反転入力端子をグラウンドに落とし，非反転入力端子に交流信号を加えたものだ．出力は入力と同じ極性になっている．だからこの端子を非反転入力端子というのだ．OPアンプの記号の中で「＋」記号で示されている．この回路を「非反転入力回路」という

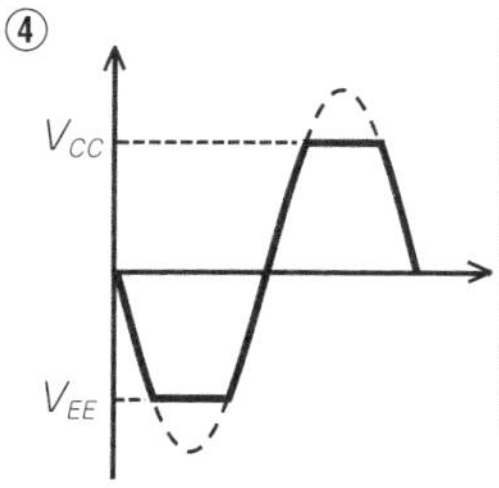

②と③の場合は，入力が大きくなるにつれて出力も大きくなるが，電源電圧のV_{CC}やV_{EE}以上になることはなく，④に示したようにV_{CC}とV_{EE}でクリップ（制限）される．厳密にはこれ以前にクリップされるものが多い

図10-2 OPアンプの基本的な動作パターン

図10-2にこれらの端子への入力の加え方と，それらに応じた出力の特徴を示します．入力の加え方のポイントは，図10-2の②か③のように必ずどちらかの入力端子をグラウンドに落とさなければならないことです．そして入出力を同極性（同位相）にするには交流信号を非反転入力端子に入力すること，入出力を逆極性（逆位相）にするには交流信号を反転入力端子に入力することです．

OPアンプは通常負帰還をかけて使います．図10-2の②と③に示した回路を基本にして，これに負帰還をかけるとどうなるのかをこれからおさらいします．

10-3　負帰還のかかったOPアンプの動作

はじめに図10-3に示すように反転増幅回路に負帰還をかけた場合を考えます．トランジスタやFETといった個別半導体を使い慣れた人にとってはまるで勝手の違う設計の進め方になりますが，図10-3や図10-4には個別半導体では経験しなかった考え方に出会います．図10-3のv_iの式は図中でも述べているように「キルヒホッフ」や「重ねの理」を使って導き出していますが，増幅度が無限大というような理想OPアンプなので，$v_i = 0$としてこれを式に代入しているところが独特です．

理想OPアンプで$v_i = 0$とすることをバーチャル・ショートやイマジナル・ショートなどと呼びます．仮想的な0Vという意味です．ちょっと面喰いますね．

この結果導き出された入出力とR_1，R_2との関係は，図10-3の②のように比例関係になります．このように表現することは図10-4のときにも使われるので，反転増幅回路と非反転増幅回路のそれぞれについて増幅度の式を思い出すときの模式図として覚えておくと便利です．図10-4の場合にもいえることですが，R_1とR_2との組み合わせ方はいろいろあります．

たとえばR_1とR_2が100Ωと10kΩであったり，1kΩと100kΩであったりしても増幅度は計算によると同じになります．では1Ωと100Ωでも同じかというと，理屈上は同じですが現実はそうはいきません．

最終的にはOPアンプの特性や電流などの事情を考えて定数を決める必要が出てきます．しかし設計段階ではいずれもまちがいではありません．

図10-4は非反転増幅回路に負帰還をかけた場合の増幅度の算出方法とその模式図です．$R_1 = 1\mathrm{k}\Omega$，$R_2 = 9\mathrm{k}\Omega$とすると$A' = 10$となり，$v_i = 1\mathrm{V}$なら$v_o = 10\mathrm{V}$となります．簡単ですね．

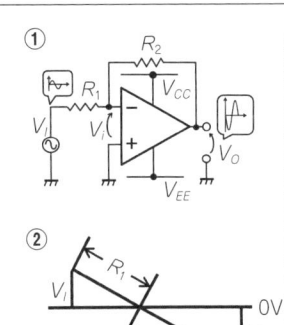

このOPアンプのもともとの増幅度（増幅率，利得，ゲイン）をAとし，①に示すような負帰還をかけた場合の新しい増幅度A'を調べる．ここで「キルヒホッフ」や「重ねの理」などの初歩的な電気数学の力を借りると，次のような関係式が得られる．途中経過の説明は省略する．

$$v_i = \frac{R_2}{R_1 + R_2} \cdot v_i + \frac{R_1}{R_1 + R_2} \cdot v_o$$

$v_o = A v_i$であり理想OPアンプだから$A = \infty$とすると$v_i = 0$と考えてもよいので，上式に代入すると，

$$v_o = (-R_2/R_1) \cdot v_i$$

入出力電圧は0Vを境に②に示すようなR_1とR_2との比の関係になる．　$A' = -R_2/R_1$

図10-3　反転増幅回路に負帰還をかけた

差動増幅回路 10-4

図10-5の①は非反転増幅回路に100%の負帰還をかけた場合です．この回路はとても便利な回路で理想的なインピーダンス変換回路として多用されています．電圧フォロワ回路と呼ばれ，入力インピーダンスが無限大のためその電圧ポイントに負荷をかけることなく低出力インピーダンスでまったく同じ値の電圧が取り出せるという，夢のようなインピーダンス変換回路です．図10-5の②と③にこれと同じ機能を目的としたトランジスタとFETの回路を示します．OPアンプほどの理想データは得られませんが，どちらも現役の定番回路です．

🔴 10-4 差動増幅回路

OPアンプの基本である差動増幅回路をもう少し突っ込んでみます．

図10-6は典型的な差動増幅回路です．数式をもて遊ぶのはこの解説の意図ではありませんが，OPア

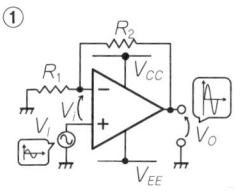

このOPアンプのもともとの増幅度(増幅率，利得，ゲイン)を A とし，①に示すような負帰還をかけることによってその値がどのように変わるかを調べる．ここで「キルヒホッフ」や「重ねの理」などの初歩的な電気数学の力を借りると，次のような関係式が得られる．途中経過の説明は省略する．図10-3と同様 $v_i = 0$（バーチャルショート）とすると，

$$v_I = \frac{R_1}{R_1 + R_2} \cdot v_O$$

となり，

$$A' = \frac{R_1 + R_2}{R_1}$$

となる．また，入出力電圧は②に示すような関係になる

図10-4 非反転増幅回路に負帰還をかけた

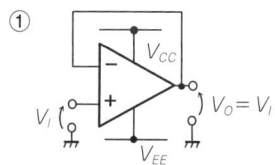

①は100%負帰還の非反転増幅回路だ．入力電圧がそのまま出力電圧となって現れる．理想OPアンプは，入力インピーダンス：無限大，出力インピーダンス：0Ωなので理想的なインピーダンス変換回路だ．電圧フォロワ回路という

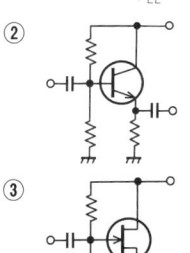

②はトランジスタによるコレクタ接地増幅回路，またの名をエミッタ・フォロワという．電圧増幅度は1で入力インピーダンスは高く(数百kΩ)，出力インピーダンスは低い(数百Ω)．インピーダンス変換の機能は①と同様で③とともに多用されている

③はFETによるドレイン接地増幅回路，またの名はソース・フォロワ．電圧増幅度はほぼ1．入力インピーダンスはこの回路にもうひと工夫することで数MΩが可能．出力インピーダンスは低い．②も③も交流の増幅器である

図10-5 インピーダンス変換(電圧フォロワ)

ンプの設計はこのように単純な回路計算から結論が導き出されてくることを理解するために，少し詳しく数式を展開してみました．結論の式(4)だけ覚えればよいのですが，この式を見てもわかるとおり，まさに二つの入力差を増幅する回路です．

10-5　高精度の差動増幅回路

ここでは，ちょっとだけ「垣間見る」から，一歩踏み込んで「ジロジロ見る」ことにします．

図10-6に示したような差動増幅回路は立派に二つの入力差を増幅する回路ですが，二つの入力端子に加える電圧を入れ替えた場合の端子の対称性などに若干気になることがあり，完全に対称の入力端子をもつ差動増幅回路が求められることがあります．

「気になる」という内容の掘り下げは細かくなりすぎるのでここでは触れませんが，「気にならないような」完全対称の回路を**図10-7**に示します．その名も「高精度の差動増幅回路」です．計測器のセンサの出力増幅などに使われる定番の増幅回路で，「インスツルメンテーション・アンプ」とも呼ばれています．このような回路を自作するときには高性能OPアンプの選択も重要ですが，基板に組み立てる技術も高度なものが要求されます．抵抗器も高精度が必要で，同じ抵抗値のところは抵抗アレーなどと呼ばれる集合抵抗器も有効です．組み立てるときの部品配置も極力二系統のバランスを崩さないよう対称性に気を配ります．小形にまとめるために面実装で仕上げることもよい方法です．電源のバランスも重要ですが，**図10-1**に述べたようにコンデンサによるバイパスもひじょうに大切です．回路を収納する鉄系のケースも甘く見てはいけません．さらに，この回路を何かのセンサなどにつないで計測器に仕上げるときには，センサから回路の入力端子までのケーブルの選択やコネクタの構造も重要です．

いろいろと難しそうなことを列挙しましたが，一度この増幅回路に挑戦すれば，さまざまなトラブルを体験し，克服したあかつきには，あなたは一流のOPアンプの使い手になっていること間違いなしです．もう一つ付け加えますと，手もとに精度の良いオシロスコープを置いておくことをお勧めします．

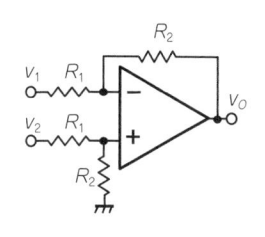

典型的な差動増幅回路である．v_1からR_1, R_2を通ってv_Oに流れる電流をiとすると，

$$i = \frac{v_1 - v_O}{R_1 + R_2} \quad \cdots (1)$$

である．非反転入力端子(＋)の電圧は，

$$\frac{R_2}{R_1 + R_2} \cdot v_2 \quad \cdots (2)$$

であり，反転入力端子(－)の電圧は，

$$v_1 - R_1 \cdot i \quad \cdots (3)$$

であるから両者は「バーチャル・ショート」によって等しい．したがって式(2)と式(3)とを「イコール」とおき，(1)のiを代入して整理すると，

$$v_O = \frac{R_2}{R_1} \cdot (v_2 - v_1) \quad \cdots (4)$$

というスッキリした入出力の関係式が得られる

図10-6　差動増幅回路の入出力

10-6　OPアンプのあれこれ

　冒頭に述べたようにOPアンプは奥が深い素子なので，OPアンプの世界の入り口に立って中を垣間見るような姿勢で臨みました．一とおりのぞいたつもりですが，何やら実感の伴わないものを見てきた印象があるでしょう．そこでいくつか興味深い具体的な話題で理解を深めていただきます．以下の話題はほんの一例です．

　図10-5で電圧フォロワという，入力インピーダンスが無限大で出力インピーダンスがゼロに近く，入力電圧がそっくり出力される便利な回路を説明しました．ここではその電圧フォロワを使った定電圧回路を**図10-8**に紹介します．使用するOPアンプは汎用品です．この回路は自作を楽しむハムにとっては手ごろな材料といえそうです．出力電流をたっぷり取りたいときには専用の電源用ICを使用することをお勧めします．

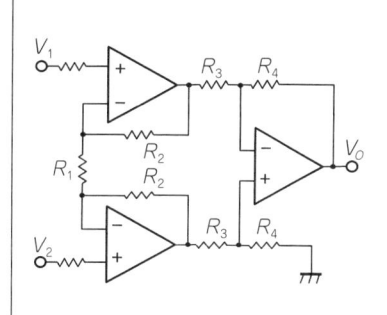

高精度の差動増幅回路例である．回路の左半分はバッファと呼ばれ，**表10-1**に示したCMRRに優れた差動増幅回路をペアで使用している．入力インピーダンスは高い．
左半分だけの増幅度は，

$$1 + \frac{2R_2}{R_1}$$

右半分は同相信号除去比の良い差動増幅回路（**図10-6**）になっており，増幅度は，

$$\frac{R_4}{R_3}$$

であり，全体をとおした増幅度は下記のようになる．

$$\frac{R_1 + 2R_2}{R_1} \cdot \frac{R_4}{R_3}$$

高精度の差動増幅器はインスツルメンテーション・アンプとも呼ばれる

図10-7　高精度の差動増幅回路

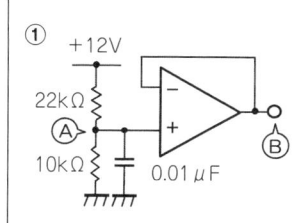

電圧フォロワを利用した安定化した電圧の回路2題である．①は12V電源から3.75Vを作る回路で，図のA点の電圧は22kΩと10kΩで分割されて3.75Vになっている．この電圧を100%負帰還のかかった汎用OPアンプの非反転入力端子に加えると，B点には正確な3.75Vが現れる．もしOPアンプを通さずA点から直接電圧を得てほかの装置に供給すると10kΩと並列に負荷抵抗がつながり，等価的に3.75Vを維持できなくなるが，OPアンプを通すとこの問題はなくなる．しかし12V電源が変動すればその影響はそのまま受ける

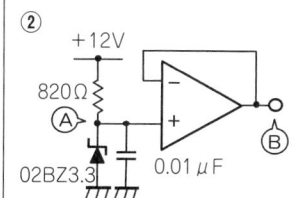

②は抵抗分割方式にかえて，定電圧ダイオードを利用したものだ．02BZ3.3は，2.80〜3.80Vの定電圧が得られる定電圧ダイオードで，3.75Vを正確に作るにはダイオードを選別するか，電圧が高めのダイオードを使用しこの電圧をさらに抵抗分割すればよい．こうしてA点の電圧が定まればB点の電圧は正確にA点と等しい電圧となる．この場合は12Vが変動してもA点の電圧は変わらないから安定した定電圧回路となる．820Ωはダイオードに約10mAを流すための抵抗である

図10-8　電圧フォロワによる定電圧電源

Column M　OPアンプによる電磁波検出装置

　本文では，特徴のあるOPアンプ，特徴のある接続方法でトランジスタやFETとはひと味もふた味も違うOPアンプの応用を眺めてきました．ここでは汎用のOPアンプを使った電磁波検出装置を紹介します．

　私たちの周辺には，インバータ式蛍光灯，電磁調理器，携帯電話，など電磁波を振りまいている装置が多種多数存在し，人体への影響を懸念されるものも少なくありません．

　それと知らされてなく電磁波に近づくようなことがあると，たとえば心臓ペースメーカーなどを埋め込んだ人が危険にさらされることにもなりかねません．

　図Mに紹介する電磁波検出装置は，低周波から高周波まで広範囲に電磁波の存在を探り出す装置で，かなり高感度に設計してあります．検出が行われるとLEDがチカチカ点滅して知らせてくれます．

　低周波の検出には100mH程度のインダクタL_2を使用します．長波受信用のフェライト・アンテナ程度のLです．

　高周波の検出にはϕ0.4程度のウレタン線を20mm×40mmの巻き枠に10回巻きにしたコイルL_1を使います．

　本機で検出される電磁波の最小レベルはOPアンプのDCオフセット電圧によって左右されます．DCオフセットのために，電磁波を検出していないのにLEDが点滅することがあります．そのときは2ピン，9ピン，13ピンから出ている3本の1kΩの抵抗値をもう少し大きくして感度を落とします．

　このような装置をトランジスタやFETのみで組み上げるのは結構大変なことですが，OPアンプではここに示した程度の気軽さでやってのけることができます．

（参考書籍：吉本猛夫 著；「生体と電磁波」，p.104，CQ出版社．）

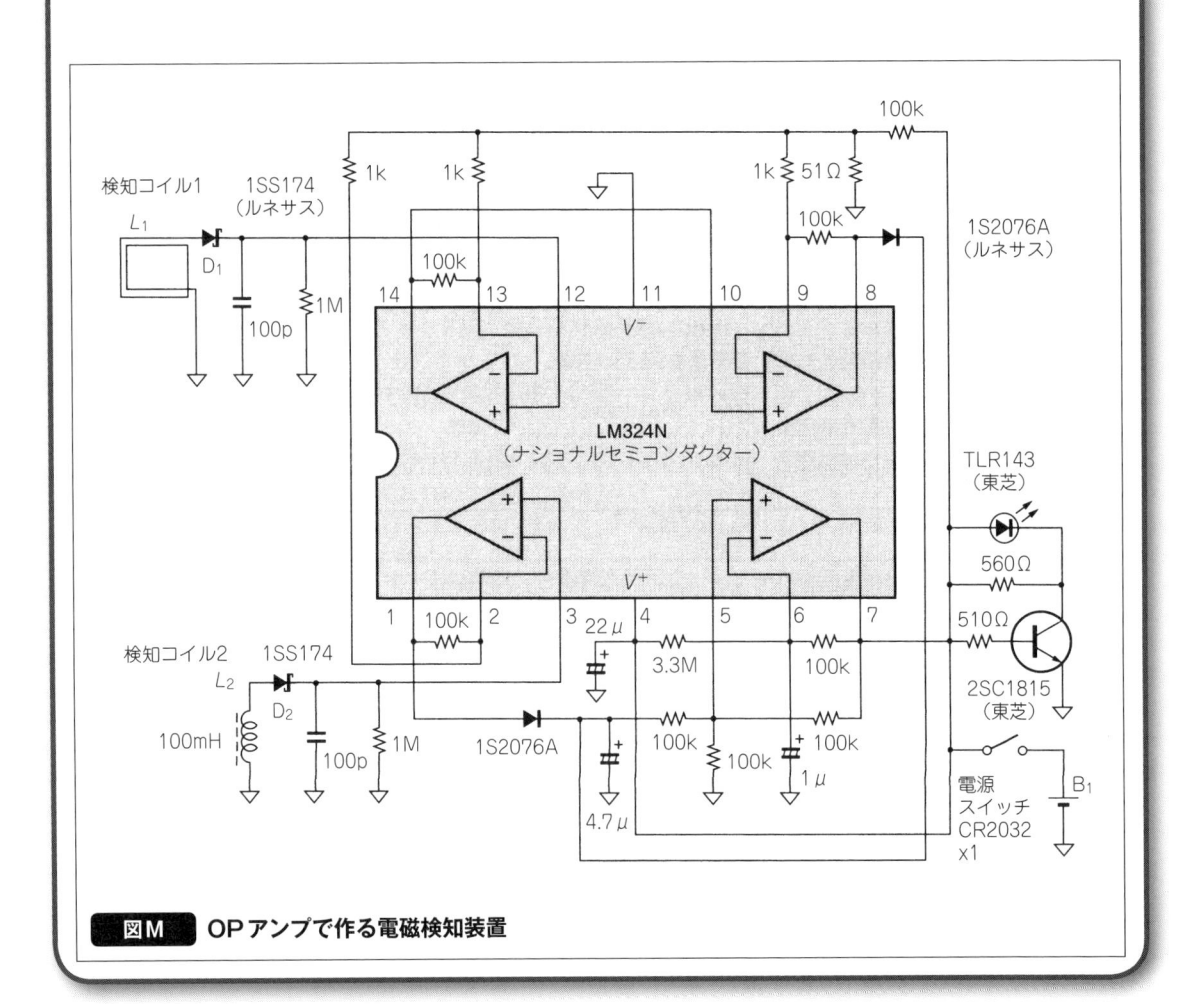

図M　OPアンプで作る電磁検知装置

OPアンプのあれこれ 10-6

図10-9は同じく電圧フォロワを使用したノッチ・フィルタです．これも自作派ハムのおもしろい材料です．

OPアンプの出番が多い回路にコンパレータがあります．コンパレータ（Comparator）はその名のごとく二つの電圧を比較（compare）して結果を出力するものです．もともとOPアンプは差動入力なので，帰還をかけずにそのまま使用すればコンパレータそのものです．

OPアンプの日本語名は「演算増幅器」なので，演算できることを紹介しましょう．

図10-10は複数の電圧を加え合わせて出力する「加算回路」です．また**図10-11**は加える電圧と差し引く電圧とをグループ分けしたうえでそれぞれ加算と減算とを行う回路です．加算のしかたや減算のしかたは反転，非反転に関係なくいろいろ考えられます．まさにアナログ式のコンピュータで，ハムのアイデア次第でいろいろな応用回路が生まれるのではないでしょうか．

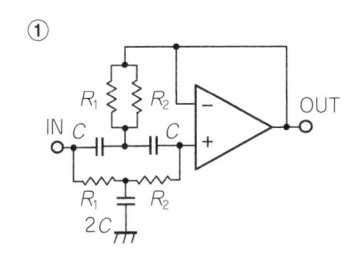

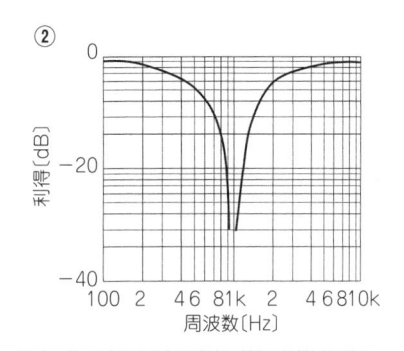

①はよく知られたツインT型回路とOPアンプの電圧フォロワとを組み合わせた独特のノッチ・フィルタだ．R_1を変えると帯域幅を変えずに中心周波数を変えることができる．R_2を変えると帯域幅を変えることができる．そのときはR_1によって中心周波数を再調整する必要がある．周波数 f は，

$$f^2 = \frac{1}{4\pi^2 R_1 R_2 C^2}$$

となり，バンド幅Bは，

$$B = \frac{1}{\pi R_2 C}$$

で与えられる．②は$R_1 = R_2 = 16\text{k}\Omega$，$C = 0.01\mu\text{F}$の周波数特性を示す．［トランジスタ技術スペシャルNo.41（CQ出版社）から引用］

図10-9 ツインTと電圧フォロワによるノッチ・フィルタ

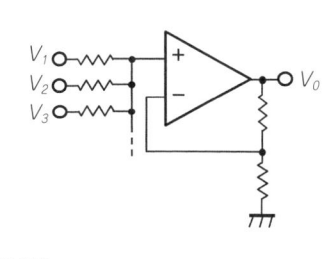

非反転入力端子に何とおりかの電圧を加えた回路で加算回路になっている．すなわち$V_0 = V_1 + V_2 + V_3 + \cdots$であるが，$V_0$は電源電圧より大きくはならないので，いくらでも入力電圧の加算ができるわけではない．各入力にコンデンサを挿入すれば交流信号の加算回路ができる

図10-10 加算回路

10-7　OPアンプを使ううえでのヒント

本節ではOPアンプを使用するうえでのヒントを提供することにします．

図10-1では二電源に関する留意点を述べました．この章で扱うOPアンプは10-2でも取り決めたように二電源方式に的を絞ることにしたので，まず電源に関する留意点を取り上げたわけですが，ひじょうに重要なことなので，ほかの留意点に触れる前にもういちどおさらいしておきます．すなわち，

① 電源のプラス側の電圧とマイナス側の電圧を一致させること．そのため定電圧電源用のICによってプラス側もマイナス側も安定化させます．

② 電源ラインに載るノイズを排除するため，$0.1\mu F$程度のコンデンサをOPアンプの±電源端子にもっとも近いポイントから，配置的にも共通のグラウンドへバイパスします．

要はOPアンプのプラス電源とマイナス電源が直流的にも交流的にもバランスしていると思えるように配線します．

OPアンプのもう一つの特徴は，入力が差動増幅回路ということです．差動増幅回路の理屈については8-7でも解説してきましたが，随所に同じ値の抵抗が使われていることに気がついたと思います．OPアンプの場合もたとえば**図10-7**のように，バランスが重要な入力回路の抵抗や帰還に使われている抵

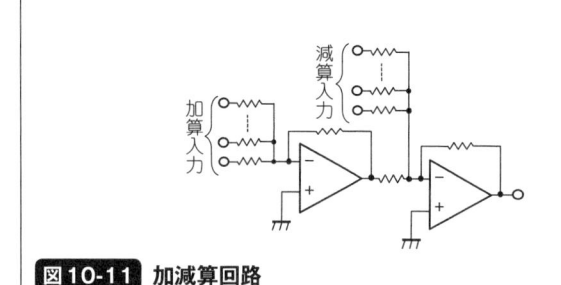

図10-11 加減算回路

反転入力をしたOPアンプを2個使い，前段の入力には加算入力群を接続し，前段の出力と対等の形で減算入力群を接続した多入力の加減算回路である．各入力にコンデンサを挿入すれば交流信号の加減算回路ができる．電源電圧より大きくなるような出力には対応できない．抵抗値はすべて同じ．たとえば10kΩとか100kΩ［トランジスタ技術スペシャルNo.41（CQ出版社）p.38から引用］

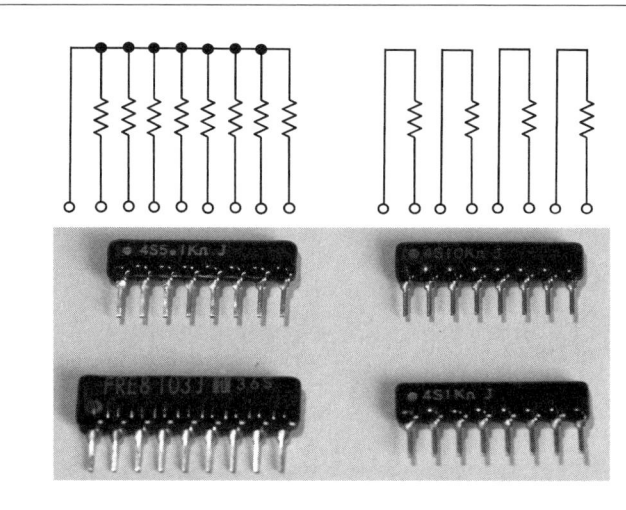

図10-12 抵抗アレー（抵抗ネットワーク）

抗は，抵抗値や特性が均一なものが望まれます．そのようなときには**図10-12**に示すような「抵抗アレー」あるいは「抵抗ネットワーク」と呼ばれる集団の抵抗群を使うことをお勧めします．これが提供したい「ヒント」です．

図10-12には二とおりの接続例しか示していませんがこのほかにもいろいろあります．

しかしこの二とおりがあることさえ知っておけばほとんどの場合に役に立つでしょう．

抵抗器の数のバリエーションもあります．これらのピン間隔はSIP（シングル・インライン・パッケージ）のICの脚と同じですからコンパクトにまとまります．なによりもありがたいのは同じ製造工程でできる抵抗器相互間の値のばらつきが極めて少ないことです．

もともと第3章に帰属するような抵抗器のお話ですが，OPアンプと組み合わせて使うとありがたさ100倍の観があるのでここで取り上げました．もちろんOPアンプとは離れて通常の電子工作にも使えます．パーツの表面に抵抗値などが記載されていますが，接続や抵抗数が重要なので，購入にあたってはお店の方に相談するようにしましょう．

10-8　OPアンプの選択

いままで「OPアンプというものは」という調子で，OPアンプの共通の性質について解説してきました．今度は，実際にOPアンプを選ぶ手順を解説します．

OPアンプの特性を大きく分類すると，**表10-2**のようになります．いままで解説してきた高精度OPアンプと汎用OPアンプは表の両翼に位置しています．各項目とも5段階評価をしており，最も精度が高いのは5，最も速度が速いのは5，最も消費電力が少ないのは5，最も価格が安いのが5で評価してあります．

OPアンプの中でも特に理想アンプに近いものを高精度OPアンプと呼び，スピードに特化したものを高速広帯域OPアンプと呼び，CMOS系で消費電力が少なく，低電圧動作が可能なものをローパワーOPアンプと呼び，そして中間に位置する多くのものを汎用OPアンプと呼んでいます．

これから使おうとするOPアンプがこの分類の中のどれにあてはまるのかを位置づけてみます．位置づけは義務ではありませんが，自分が目指すOPアンプの能力がどのグループに属するのかを認識して

評価項目	高精度OPアンプ	高速広帯域OPアンプ	ローパワーOPアンプ	汎用OPアンプ
精　度	4〜5	1〜3	1〜3	2〜4
速　度	3〜4	4〜5	1〜3	2〜4
電　力	3	1〜3	4〜5	3
価　格	1〜3	1〜3	3〜5	4〜5
品種例	OPA2277 (BB) NJM2119D (JRC) INA128P (BB) OP07CP (TI, etc) OPA177GP (BB) OPA4277 (BB) ⋮	OPA2353UA (BB) LM7171BIN (NS) LM6361N (NS) NJM2137D (JRC) NJM2712RB (JRC) ⋮	LMC660CN (NS) LT1112CN8 (LT) NJU7034D (JRC) ⋮	LM324M (NS) LM358N (NS) NJM4565M (JRC) NJM4558D (JRC) ⋮

上段の数字は5段階評価

表10-2　OPアンプの4つのタイプ

おくことは，周辺の回路設計をするときの考え方の柱となるものなので，最初の手順にしました．

ビギナーが手掛けるレベルはほとんど汎用OPアンプになると思いますが，高性能機器を扱うときには高精度OPアンプの出番になります．10-1でも述べましたが，よい性能がほしいばかりに，しかし汎用OPアンプですむのに財力にものを言わせて高精度OPアンプを採用すると「大やけど」をします．高精度OPアンプの周辺回路はそれなりに「高精度」で組む必要があるからです．このような認識をしっかりわきまえるために，分類の中に位置づけしてみることを提案するのです．

表10-2には具体的な型番で品種事例も紹介されています．紹介されているOPアンプは本当に「事例」に過ぎません．雑誌や通信販売の広告など比較的ビギナーにも入手しやすいと思われる事例を列挙したものですが，どのようなOPアンプがどの分類に入るのか，OPアンプ通になるための常識をあらかじめ紹介したものです．

さてOPアンプを絞り込むためにはまだしなければならないことがあります．それはOPアンプの規格表から自分の使用目的にかなう特性のものを選び出すことです．特性のうち最も注目したいものは「使用電圧」でしょう．パッケージに内蔵されるOPアンプの個数も大事な選択要素です．CQ出版社から出ている規格表も参考になりますが，メーカーのホームページや通販用の技術資料も参考になります．

すべてではありませんが，**表10-3**にOPアンプの常連（？）メーカーのURLの一覧を示しておきました．いずれもOPアンプの世界では「つわもの」ばかりで，名の通ったOPアンプが続々と創出されています．

中でもフェアチャイルドはOPアンプの生みの親のような会社で，$\mu A702$や$\mu A741$など有名な歴史ものを世に出しています．ナショナルセミコンダクターもOPアンプの世界をリードしてきた会社で，LM301AやLM308などの作品があります．テキサス・インスツルメンツも素晴らしいOPアンプメーカーです．TL071,072,074などで有名です．高精度OPアンプが充実しています．

このリストを作るにあたり，数年前の雑誌に紹介されたURLを頼りに，実際にサイトにアクセスしてみて驚きました．目的のメーカーのサイトに入ってみたらいつの間にかアクセスしたつもりのないメーカーのホームページが現れるのです．

この世界では会社の吸収・合併が次々に進められていて，OPアンプの名品も親の名前が変わっていることに気がついたというわけです．

話を戻し，「規格表や各社のホームページ，あるいは通販のカタログ，技術資料でOPアンプの電圧や内蔵個数を調べて目的のOPアンプにたどり着きましょう」という結論です．技術資料で使用例が記載されている資料があったら，なるべくそれを真似しましょう．本章の冒頭に筆者の本棚からピックアップしたOPアンプの本を紹介しましたが，どの本も切り口が独特で，これらの本に限らずあれこれ拾い読みしているうちに，目指す回路とOPアンプの品種に行き当たるかもしれません．OPアンプについては「多読」をお勧めします．

メーカー名	URL
アナログ・デバイセズ	www.analog.com/
インターシル	www.intersil.com/
JRC	www.njr.co.jp
テキサス・インスツルメンツ	www.tij.co.jp
東芝	www.semicon.toshiba.co.jp
ナショナル・セミコンダクター	www.national.com/jp
フェアチャイルド・セミコン	www.fairchildsemi.com/jp/
リニアテクノロジー	www.linear-tech.co.jp/
ルネサステクノロジー	www2.renesas.com

表10-3 OPアンプのメーカーたち

第11章
帰還，発振，非線形のはなし

　前章までは電子回路を構成する部品を中心に理解を深めてきました．

　本章では回路をシステムとしてとらえ，表題のように「帰還」，「発振」，「非線形」を考えることにします．まさに回路のシステムならではのアイテムたちです．

　帰還には2種類の方法があります．オーディオ・アンプでは避けて通れない「負帰還」と，発振に関係の深い「正帰還」の2種類です．

　そもそも増幅器では，入力と出力との間に周波数ごとに位相の差があるものです．したがって周波数によって正帰還であったり負帰還であったりするもので，増幅器を作ったら発振器になってしまった，などというトラブルが起こり得ます．

　本章はこのようなトラブル・シューティングにも役に立つことと思います．終盤で線形と非線形を取り上げます．

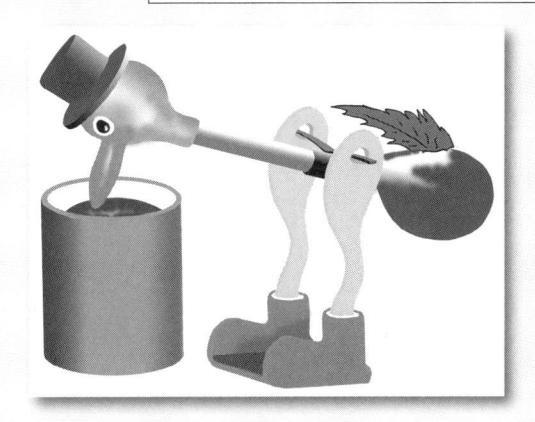

昭和40年代に流行した「水飲み鳥」という科学おもちゃです．
動作原理の説明は長くなるので省略しますが，動作は，この鳥が水槽にくちばしを突っ込んで水を飲むしぐさをし，十分に飲んだと思われるころグイーと頭をもたげます．愛嬌よく頭がピョコンピョコンと揺れます．科学的な原理で動作を延々と繰り返します．
「永久運動」を思わせる動作ですが，これが本章11-6に出てくる「ブロッキング発振」に引用した「水飲み鳥」の姿です．

11-1　帰還というもの

やや抽象的ですが図11-1は増幅された出力の一部を入力に付け加える「帰還」のしくみを示したものです．βは図中では伝達比と呼んでいますが，帰還率とも呼ばれます．出力の何割を入力側に戻すかを示す指標で，帰還回路網が抵抗のみで構成されているときは単純な数値になりますが，コイルやコンデンサが含まれていると周波数ごとに帰還の割合が異なってきます．図11-1に示した総合増幅度A'の式は，着目する周波数ごとの関係式です．より高度の解析をする場合には数学の力を借りて複素数を使います．

図11-1では入力電圧をv_i，出力電圧をv_oと小文字で表記していますが，これは交流信号の意味です．一般に小文字表記は交流を意味し，大文字表記は直流を意味します．

ちなみにトランジスタの電流増幅率はh_{FE}と書きますが，これは直流に関する増幅率で，交流信号に関するものはh_{fe}と書くので知っておくと便利です．

図11-1に戻って，帰還が行われた増幅器の出力信号が，帰還が行われる前の出力信号より小さくなるときは負帰還，帰還が行われる前の出力信号より大きくなり循環してコントロールできなくなるまで大きくなって「発振状態」になるときは正帰還です．

負帰還はN.F.B.（Negative Feed Back）とも呼ばれます．負帰還のつもりで帰還回路網を組んでも，β

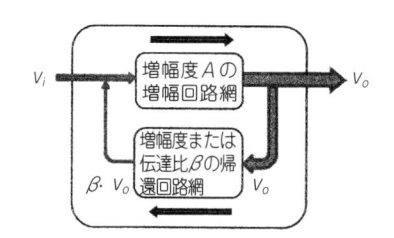

v_iおよびv_oはそれぞれ増幅器の入力および出力だ．帰還回路網がないときは

$$v_o = A \cdot v_i$$

帰還回路網が付加されると増幅器の入力は

$$v_i \rightarrow v_i + \beta \cdot v_o$$

となり増幅器の入出力は次式のようになる．

$$v_o = A \cdot (v_i + \beta \cdot v_o)$$

$$\therefore v_o = \frac{A}{1 - A \cdot \beta} \cdot v_i$$

当初の増幅度Aは等価的に次のようなAに変わる．これが帰還を伴った増幅器の総合増幅度になる．

$$A' = \frac{A}{1 - A \cdot \beta}$$

帰還回路がないときの増幅度Aがマイナスのとき，その出力の何%かを入力に帰還するときにはβは1より小さな正の数になるので，$A \cdot \beta$は負となり上式の分母は1より大きくなる．すなわち増幅度の絶対値は帰還によって小さくなる．この状態が負帰還である．Aが入力と同位相でプラスのときでも，トランスなどでβをマイナスにすることも可能．このときも負帰還となる．Aが入力と同位相でプラス，かつβが正のときは上式の分母は1より小さくなり，増幅度の絶対値が大きくなる方向に作用する．このような場合には入力が帰還成分によって加速的に助長されるので多くの場合「発振」にいたる．これが正帰還だ

図11-1　帰還のしくみと増幅度

の中に抵抗以外のものが含まれていて特定の周波数で正帰還になればその周波数で発振を起こします．

11-2　負帰還のいろいろ

図11-2は抵抗による単純な負帰還を行ったときの特徴をイメージ化したものです．負帰還は出力の一部を入力が減る方向に加えてやるので当然出力は減りますが，周波数帯すべてにわたって一様に減るのではありません．

帰還を行っていないときの増幅度のカーブをその形のまま減衰させるのであれば，出力から抵抗で分割して取り出せばそれで済むのですが，帰還によって減衰するのはもとの周波数特性の「山」の部分であるところが特徴です．その結果，図11-2に示すように山の形をした周波数特性が，標高は低いけれども平らな広い台地に変身しています．

周波数特性が平たんであることはオーディオ信号の増幅にとって重要なことです．出力の頂点から見ると，等価的に低音域も高音域も広がるからです．1960年代後半のオーディオ界は，広帯域の大出力アンプや大口径のスピーカを取りそろえて臨場感あふれる音響で競い合う戦国時代でした．このとき低音域から高音域までの帯域の広さを高忠実度（High Fidelity）と呼んで音響機器の性能を争ったものです．このHigh Fidelityを略してHi-Fi（ハイファイ）といいましたが，今日でもこの言葉を懐かしがるOMさんたちが大勢います．

負帰還は図11-2に示したように周波数特性を改善するほか，ひずみを軽減する，トランジスタやFETなどの特性のバラツキの影響を軽減する，などの長所を持っているので，低周波の増幅器にはほとんど取り入れられています．

図11-3は，このような帰還を2段直結増幅器の中に取り入れたオーディオ・プリアンプの回路です．メーカーがHi-Fiを競っていたころ，自作派はこのような回路でマイ・アンプを楽しんでいましたが，時を経た今でもプリアンプの定番回路になっています．

図11-4はCDプレーヤが普及する以前の高級アンプには例外なく採用されていた増幅回路で，イコライザ・アンプと呼ばれるものです．負帰還が周波数特性を平たんにするだけではないことを物語るアンプの事例です．

図11-4の中でも紹介してありますが，マグネチックのピックアップの弱点を電子回路の周波数特性で補おうとする，独特の周波数特性をもった増幅回路です．負帰還の回路網を工夫してRIAAの規格に適合させているものです．

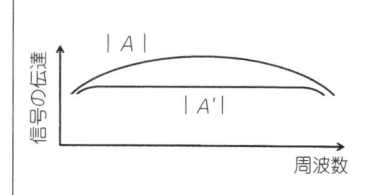

図は周波数特性が平たんでない増幅回路に抵抗による単純な負帰還を行ったときの増幅度の変化を示したもの．Aは負帰還のない場合の増幅度．A'は負帰還を行ったときの増幅度だ．「増幅度」は「信号の伝達度」，「利得」，「ゲイン」などさまざまな呼び方をされる．増幅度は通常入力と出力の位相が完全に同位相とか完全に逆位相ということはない．ここでは増幅度を絶対値で表現している．図に示したように負帰還がないときの周波数特性は「山」になっているが，負帰還を行うと平たんな「台地」になっている．一般に単純な負帰還を行うと増幅度は減るが周波数特性は平たんになると覚えておこう

図11-2　一般的な負帰還の特徴

このころの高級アンプには機能の切り替えスイッチに「Phono」というポジションがあり，**図11-4**の回路を使用するのが常識になっていました．懐古談から技術の話に戻しますと，**図11-3**の回路や**図11-4**の回路で，後段のトランジスタのコレクタから前段のトランジスタのエミッタに帰還させる回路網を替えただけで，周波数特性を平たんにしたりRIAAカーブにしたりできるという負帰還の特徴を理解しましょう．

なおPhonoとはPhonograph（蓄音機）のことです．蛇足ですがマグネチック以外のピックアップの場

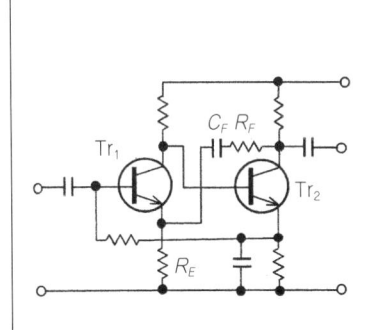

負帰還を含むオーディオ・プリアンプの定番回路．このような負帰還をかけると周波数特性が良くなるほか，入力抵抗が高くなり出力抵抗が低くなる．この回路が負帰還かどうかは次の順序で考える．Tr_1の入力が増えようとするとTr_1の電流は増えR_Eにかかる電圧も増えようとするが，コレクタ抵抗にかかる電圧も増えようとしてTr_1のコレクタ電圧は下がる．したがってTr_2のベース電圧は下がりTr_2のコレクタ電流は減ってTr_2のコレクタ電圧が高くなる．その電圧をR_FとR_Eとで分割する形でTr_1のエミッタへ帰還させている．コンデンサのC_Fは単なる直流阻止用である．R_Eにかかる電圧も増えようとする，と述べたが，帰還した電圧でさらに増えようとするから正帰還ではないかと思われそうだが，この帰還によって相対的にTr_1の増えようとした入力が軽減されるので総合的に負帰還である．帰還量βは$\beta = R_E/(R_E + R_F)$で総合増幅度A'は

$$A' = \frac{A}{1 + A \cdot \beta}$$

ただしAは負帰還がないときの増幅度となる

図11-3 オーディオ・プリアンプ

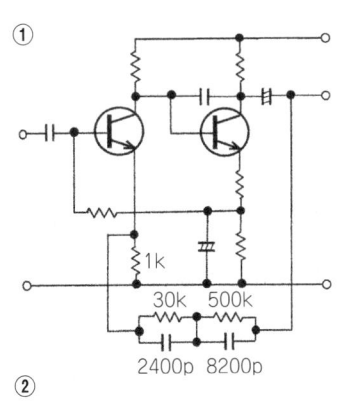

①の回路は**図11-3**のR_Fに相当するところにやや複雑なCR回路網を使った負帰還増幅器．マグネチックのピックアップを使用したレコード・プレーヤは，機械的な要因で特性が損なわれないよう電子回路のほうで世界共通に周波数特性を操作するようRIAA規格が定められた．RIAAとはRecording Industry Association of Americaの略．
規格は②に示すような折れ線に沿うような周波数特性を実現することである

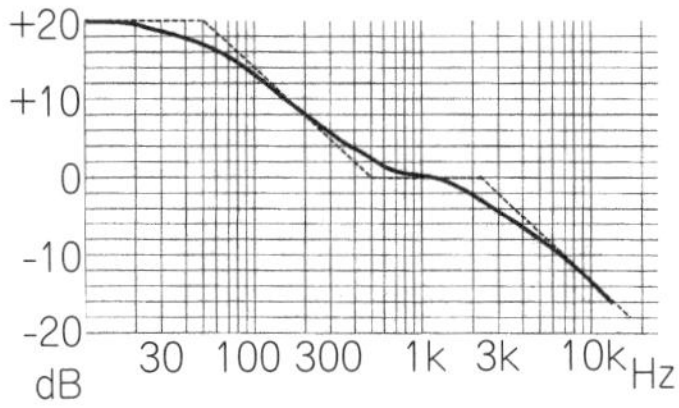

②の折れ線はRIAAの規格でRIAAカーブと呼ばれる．①の負帰還回路によって図の実線の特性が得られる．このような「等価機能」のある増幅器をイコライザ・アンプと呼ぶ

図11-4 イコライザ・アンプ

11-2 負帰還のいろいろ

合は，このようなイコライザ・アンプをとおす必要はありません．

　大掛かりな負帰還を紹介してきましたから，今度はひじょうに単純な負帰還を紹介しましょう．**図11-5**はトランジスタのコレクタからベースに帰還させるだけの単純な負帰還です．実際には**図11-5**の帰還網がコンデンサ一つであるケースが多く，たとえば雑音など高域の周波数をカットするとか，予期しない発振を防止するとかの目的で多用されています．

　もう一つ単純で重要な負帰還を紹介します．**図11-6**の①は電流帰還と呼ばれる回路で，ひとことでいえばエミッタ抵抗に並列のコンデンサが入ってないエミッタ接地です．通常エミッタ接地といえばエミッタがコンデンサでバイパスされていますが，コレクタから出力を取り出す以上エミッタ接地には変わりありません．この電流帰還はFETにも使われます．

　なぜ帰還なのかを**図11-6**の②に示します．この回路も**図11-2**のような負帰還の特徴を示します．

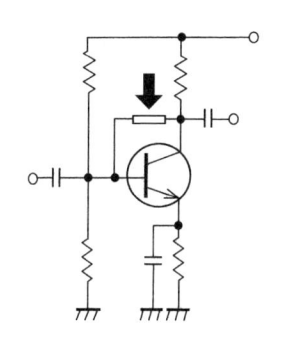

図11-5 単純な負帰還

負帰還の代表的な事例だ．コレクタから帰還網を通してベースに出力の一部を帰還させている（図の矢印）．負帰還かどうかは以下の手順で考えればよい．
ベースの電圧が上がろうとすると増幅されてコレクタ電流が増え，コレクタ抵抗の両端の電圧が増えようとしてコレクタ電圧が下がろうとする．そして帰還網を介して最初に想定したベース電圧の上昇を抑える．帰還網がコンデンサ1個のときは高域の周波数のみが減衰する．帰還網に抵抗などを入れるときはバイアス（直流条件）を乱さないよう容量の大きなコンデンサによって直流を阻止すること

図11-6 電流帰還

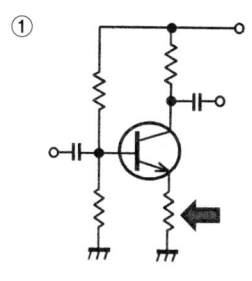

①の回路は「電流帰還」と呼ばれる代表例だ．通常のエミッタ接地増幅器であれば矢印で示したエミッタ抵抗にバイパス用コンデンサが並列接続されるがそれがない．
これはFETでも多用される回路．出力がコレクタから取り出されているからコレクタ接地ではない．念のため！

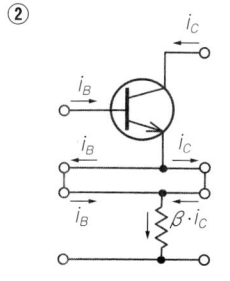

②は①の回路が負帰還であることを説明したもの．上半分はトランジスタ単独の増幅器だから $i_C = A \cdot i_B$ であるが下半分で電流が帰還（帰還率 β）されると i_B の代わりに $i_B + \beta \cdot i_C$ とおいて

$$i_C = A \cdot (i_B + \beta \cdot i_C)$$

$$\therefore i_C = \frac{A}{1 - A \cdot \beta} \cdot i_B$$

$$\therefore A' = \frac{A}{1 - A \cdot \beta}$$

この A' が総合の増幅度になる

11-3　正帰還と発振

180度趣を変えて，今度は発振を考えることにします．

帰還というキーワードで負帰還の次は正帰還，だから発振という順序で発振を扱うことにしましたが，発振をすべて正帰還で説明するには少し無理もあります．そのことを承知で話を展開することにします．

表11-1はいろいろな発振器をとりまとめて整理したものですが，この表にある発振器はいずれも重要なものばかりです．

一つだけ異質なものが含まれています．「増幅器という名の発振器」ですが，増幅器を作ったら発振してしまったというよくある話です．発振をストップさせる知恵はいくつも考えられますがここでは紹介しません．しかし，あれこれ自力で試行錯誤しながら方策を見つけるのは大変良い勉強になります．結果は「発振に感謝」ということになります．

表11-1に戻って「本文にて解説」とコメントしてある発振器を順番に説明することにします．これらを選んだ基準はいずれも基礎的で古典的なテーマであることです．

ハムにとっては水晶発振器もひじょうに大切で，特にVXOなどは興味深くぜひ知っておきたい技術の一つなのですが，今回だけで扱いきれないほどの量になるので別の機会にゆずることにします．

11-4　*LC*発振器

これから紹介する発振器の各図（**図11-7**～**図11-11**）は，まず①で交流信号のみに着目した回路を紹介し，②で具体的な回路を紹介する共通パターンにしています．

*LC*発振器は読んで字のごとく，コイルとコンデンサとを共振させて周波数を決める発振器です．**表11-1**を見てもわかりますが，いずれも立派な呼び名のついた歴史的な発振器です．LW（長波），MF（中

大分類	小分類	ひとくちコメント
*LC*発振器	コレクタ同調型	本文内で解説
	ハートレイ型	本文内で解説
	コルピッツ型	本文内で解説
	クラップ型	コルピッツ型の発展
*CR*発振器（移相型）	並列*R*型	本文内で解説
	並列*C*型	本文内で解説
	ブリッジ型	トランジスタ2本で構成
水晶発振器	ピアースBC型	コルピッツの*L*の代わりに水晶．無調整．基本波
	オーバートーン	ピアースBCにオーバートーン振動子を使う
	ピアースBE型	トランジスタのBE間に水晶
	VXO	外付けの可変*L*で*f*微調
	デジタルIC型	論理素子と組んで発振
弛張発振器	マルチバイブレータ	フリップフロップ回路と酷似
	ブロッキング発振器	テレビの垂直回路など
分類なし	増幅器という名の発振器	発振を知る絶好の機会！

表11-1　各種発振器の分類とひとくちコメント

LC発振器 11-4

波),HF(短波)が適した周波数帯になります.

まず**図11-7**にコレクタ同調型発振器を紹介します.

図11-7の①に示すように,コレクタ電流から誘起される2次側の電圧をベース・エミッタ間に加えてコレクタ電流をさらに助長する方向にドライブする方式ですが,2次側のコイルの端子の向きによっては負帰還に作用するので何も起こりません.周波数 f は,

$$f \approx 1/2\pi\sqrt{LC}$$

で与えられます.

図11-8はハートレイ型の発振器です.**図11-7**の①と**図11-8**の①とを見比べれば両者は基本的に同じものであることがわかるでしょう.この場合の周波数もコレクタ同調型発振器と同様な数式で表されます.

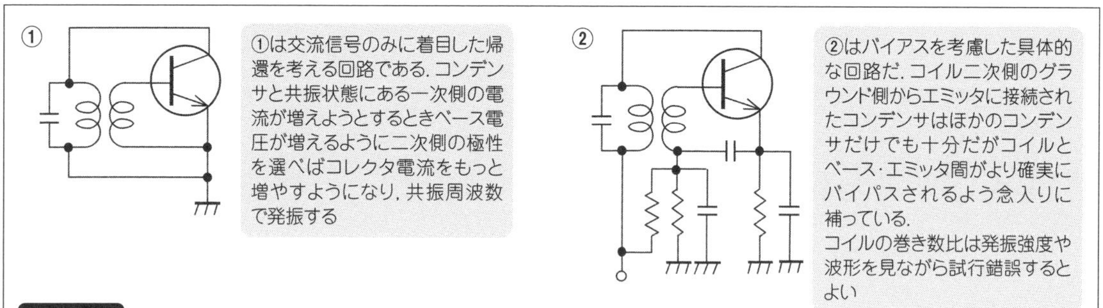

図11-7 コレクタ同調型発振器

①は交流信号のみに着目した帰還を考える回路である.コンデンサと共振状態にある一次側の電流が増えようとするときベース電圧が増えるように二次側の極性を選べばコレクタ電流をもっと増やすようになり,共振周波数で発振する

②はバイアスを考慮した具体的な回路だ.コイル二次側のグラウンド側からエミッタに接続されたコンデンサはほかのコンデンサだけでも十分だがコイルとベース・エミッタ間がより確実にバイパスされるよう念入りに補っている.
コイルの巻き数比は発振強度や波形を見ながら試行錯誤するとよい

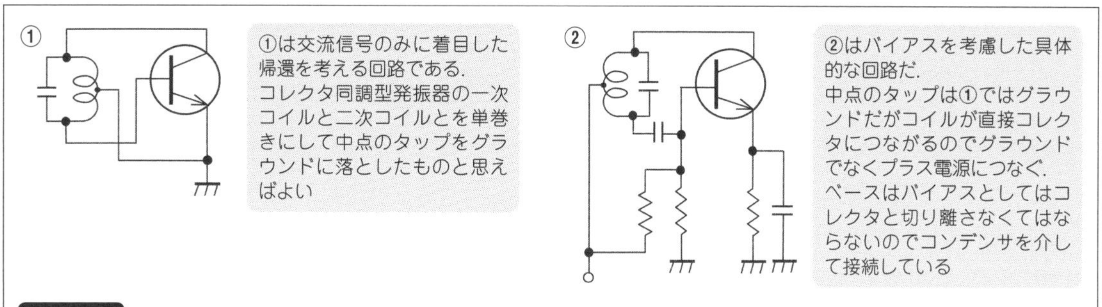

図11-8 ハートレイ型発振器

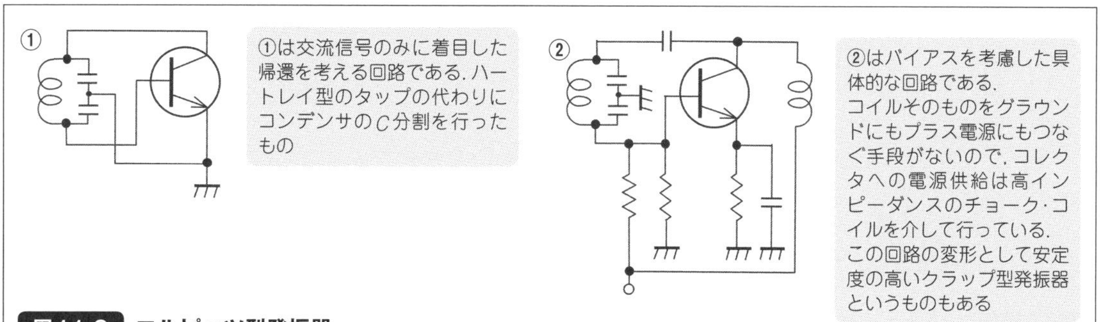

①は交流信号のみに着目した帰還を考える回路である.コレクタ同調型発振器の一次コイルと二次コイルとを単巻きにして中点のタップをグラウンドに落としたものと思えばよい

②はバイアスを考慮した具体的な回路だ.中点のタップは①ではグラウンドだがコイルが直接コレクタにつながるのでグラウンドでなくプラス電源につなぐ.ベースはバイアスとしてはコレクタと切り離さなくてはならないのでコンデンサを介して接続している

図11-9 コルピッツ型発振器

①は交流信号のみに着目した帰還を考える回路である.ハートレイ型のタップの代わりにコンデンサの C 分割を行ったもの

②はバイアスを考慮した具体的な回路である.コイルそのものをグラウンドにもプラス電源にもつなぐ手段がないので,コレクタへの電源供給は高インピーダンスのチョーク・コイルを介して行っている.
この回路の変形として安定度の高いクラップ型発振器というものもある

図11-9はコルピッツ型の発振器です．この場合も**図11-8**の①と**図11-9**の①とを見比べれば両者が基本的に同じものであることがわかります．周波数の式も前二者と同じですが，Cはコイルに接続された二つのコンデンサの合成容量値になります．

表11-1にクラップ型というのがありますが，コルピッツ型を変形させて周波数の変動を軽減させたものです．今回は紹介にとどめます．

11-5　CR発振器

CR発振器は読んで字のごとく，コンデンサと抵抗とを組み合わせ移相を利用して周波数を決める発振器です．移相とは交流信号の基本要素である位相をずらせることをいいます．**図11-10**と**図11-11**とは位相のずらし方を変えた2通りのCR発振器で目的は同じです．

周波数を決める計算過程は省略しますが，それぞれ**図11-10**の②および**図11-11**の②に示したとおりです．この種の移相型発振器は主として低周波に採用されています．**表11-1**に紹介したブリッジ型も優秀な発振器ですが，紹介にとどめます．

11-6　ブロッキング発振

発振器の中ではさほど重要な位置を占めていませんが，アマチュアの発想としてヒントになるような話題を提供しておきます．

飾り物なのかおもちゃなのか存在が明確ではありませんが，化学薬品を使って繰り返し水を飲む「水飲み鳥」，古くなった蛍光灯が点灯したり消えたりしてチカチカする「切れかかり蛍光灯」，水がいっぱいになるとその重みで竹筒が傾いて石などをたたき，音を出して水がこぼれ，内部が空になると竹筒が元の傾きに戻るという「ししおどし」など，私たちの周辺には，なにやら一人で勝手に動いている「カラ

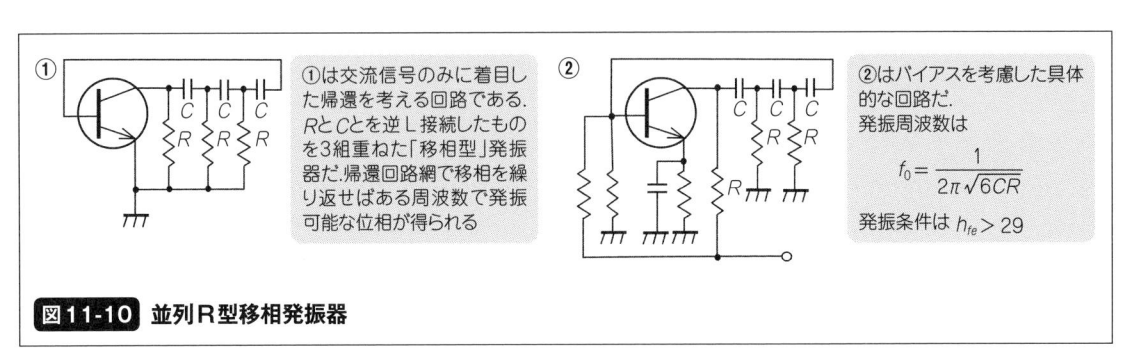

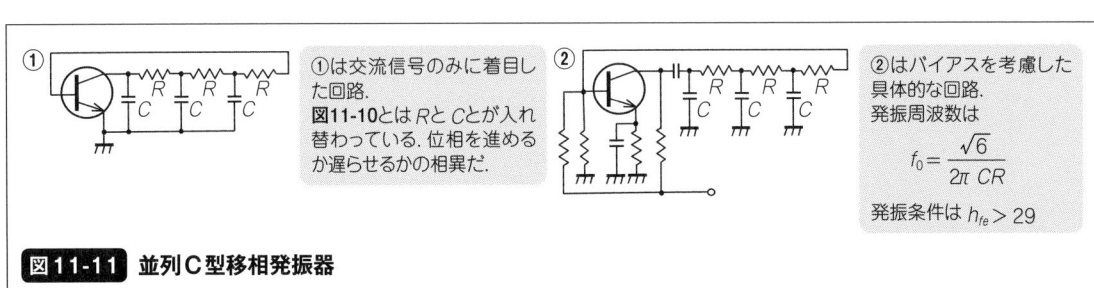

①は交流信号のみに着目した帰還を考える回路である．RとCとを逆し接続したものを3組重ねた「移相型」発振器だ．帰還回路網で移相を繰り返せばある周波数で発振可能な位相が得られる

②はバイアスを考慮した具体的な回路だ．
発振周波数は
$$f_0 = \frac{1}{2\pi\sqrt{6}CR}$$
発振条件は $h_{fe} > 29$

図11-10　並列R型移相発振器

①は交流信号のみに着目した回路．
図11-10とはRとCとが入れ替わっている．位相を進めるか遅らせるかの相異だ．

②はバイアスを考慮した具体的な回路．
発振周波数は
$$f_0 = \frac{\sqrt{6}}{2\pi CR}$$
発振条件は $h_{fe} > 29$

図11-11　並列C型移相発振器

クリ発振」が見られます．本章の冒頭に「水飲み鳥」の外観を紹介しました．

表11-1にあるブロッキング発振は，まさにこのようなカラクリで波形を作り出す発振器です．具体的な回路紹介は省略してありますが，たとえば電解コンデンサにたまった電気を抵抗を通して放電させ，その抵抗器の両端の電圧をセンサやトランジスタで監視しておけば，ある電圧以下になったときにスイッチを働かせて次なる行動を起こさせるカラクリを作ることはいろいろ考えられます．スイッチの入った瞬間に「コトン」という音を出させれば「電気ししおどし」も考えられます．

11-7 非線形回路

帰還は増幅器に独特の性格をつけ加えてくれます．

回路内部の正帰還は入力がないのに出力が出る「発振」を作り出します（入力がないのに！）．

単純な増幅器は，入力に増幅度を乗じた出力が得られるのに対し，負帰還によってAGC（自動利得制御）機能を付加した増幅器は，いくら入力をつぎ込んでも出力がそのまま増えるようなことがありません（AGCについては11-9で触れます）．

単純な増幅器のように，入出力が比例関係になるような回路網のことを「線形回路網」と呼び，そうでないものを「非線形回路網」と呼びます．

抵抗，コンデンサ，コイルだけで構成された回路網はすべて線形回路網ですが，トランジスタ，FET，ICなどを使ったアクティブな回路で，帰還を使って入出力が比例関係でなくなった回路網は非線形回路網です．トランジスタ，FET，ICが使われていても単純な増幅器で入出力が比例関係にある回路網は線形回路網として扱われます．

ダイオードは1本でも非線形回路の素子です．非線形回路に周波数の異なる二つの交流信号を加えると，二つの周波数の差の周波数や和の周波数の交流信号を作ることができます．

ハムにとってなくてはならない変調や復調の基本が，この非線形回路にあるのです．

図11-12に，線形回路と非線形回路のそれぞれに二つの交流信号を加えたときのちがいを示します．ダイオードは完全な2乗特性ではないのですが，三角関数を処理するうえでひじょうに都合のよい数式展開ができるので，2乗特性として扱いました．

2乗特性でなくても非線形であれば同様の結果となり，さらに複雑な周波数関係が派生します．ここでは数式をもてあそぶのが主目的ではないので，2乗の事例で理解を深めてください．**図11-12**の説明文にもあるように，三角関数の2乗の展開は高等学校の数学の領域なので自分で確認するようにしましょう．

11-8 二つの交流の周波数がなせる業

第11章の11-7では非線形回路に周波数の異なる二つの交流信号が入ると，それぞれの周波数の和の周波数と差の周波数の交流信号が作られることを紹介しました．

この原理を積極的に利用した装置もあれば，積極的とは言えないが，自然現象として経験することなどいろいろな実例があります．またよくない事例もあります．

それらをザーッと概観してみましょう．

積極的に利用した回路の筆頭は，「スーパーヘテロダイン」の周波数変換でしょう．

第11章 帰還，発振，非線形のはなし

受信周波数と局部発振周波数とを混ぜ合わせ，その差の周波数である中間周波数を作り出してこれを増幅して検波する，というのがスーパーヘテロダインの原理です．受信機は今日ではみなこの方式といっても過言ではありません．単に受信周波数を増幅して検波する方式を「ストレート」と呼んでいます．ご存じですよね．局部発振周波数を受信周波数と同じ周波数にする「オートダイン」と呼ばれる方式もあります．SSBの信号を作る「平衡変調器」も積極的利用の事例です．いずれこれにも直面していただきたいものです．

二つの周波数からまったく別の周波数を作り出す「周波数シンセサイザ」と呼ばれる装置も積極的利用の事例です．固定した周波数の発振器のほうを水晶などの安定した発振器にしておき，混ぜ合わせるもう一つの交流信号は微調整の効く作りやすい発振器を使うと手軽に作ることができます．この場合は差の周波数だけでなく，和の周波数も活用できます．合成後に不要周波数を排除するフィルタは市販されているSSBやFMラジオの中間周波のセラミックかメカニカル・フィルタの周波数に一致するように両周波数の相互関係を選択するとメーカー品のようにカッチリとした特性が得られるのでお勧めです．

あまり知られていない装置に「テルミン」という電子楽器があります．これはロシアのレフ・セルゲイヴィッチ・テルミン博士（1896～1993）が1920年に発明したとされる世界初の電子楽器といわれているものです．

原理を簡単に要約すると，装置の中に基準周波数の発振器とハートレイ型のようなピッチ可変用の発振器を持っていて，その周波数差が（可聴）低周波になるように設定しておくものです．

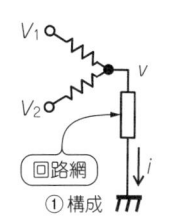

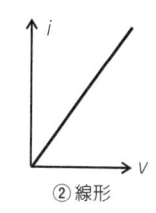

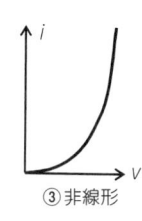

①のような回路で，回路網の部分が②および③のような2とおりの特性を持つ場合について考えてみる．
②は抵抗のように電流 i が電圧 v に対して比例関係にある場合，③はダイオードのように電流 i と電圧 v が比例関係にない場合である．
比例関係にある回路網は線形回路網，比例関係にない回路網は非線形回路網と呼ばれる．
厳密には電圧も電流もマイナスの領域があるところだが，てっとり早くプラスのゾーンのみで考えることにした．
①の入力端子 v_1, v_2 に角周波数がそれぞれ ω_1, ω_2 の信号を加える．式で表すと以下のようになる．

$v_1 = V_1 \cdot \sin\omega_1 t$　　　$v_2 = V_2 \cdot \sin\omega_2 t$

もし回路網が②のような線形回路網であった場合，②の関係式を $i = v/R$ とすると

$i_1 = \dfrac{V_1}{R} \cdot \sin\omega_1 t$　および　$i_2 = \dfrac{V_2}{R} \cdot \sin\omega_2 t$

という二つの電流が並んで流れることになる．
もし回路網が③のような非線形回路網であった場合，③の関係式を単純な2乗式として $i = k \cdot v^2$ と考えると

$i = k \cdot (v_1 + v_2)^2 = k \cdot (V_1 \cdot \sin\omega_1 t + V_2 \cdot \sin\omega_2 t)^2$
$ = k \cdot V_1^2 \sin^2\omega_1 t + k \cdot V_2^2 \sin^2\omega_2 t$
$ + k \cdot V_1 V_2 \cos(\omega_1 - \omega_2)t$
$ - k \cdot V_1 V_2 \cos(\omega_1 + \omega_2)t$

となり，本来加えられた二つの周波数のほかに，差の周波数成分と和の周波数成分の電流が流れることがわかる．
三角関数の2乗の式の変形については別に訓練しておこう．蛇足だが角周波数と周波数との関係は，$\omega = 2\pi f$

図11-12 非線形回路に2信号を入れる

ピッチ可変用の発振器に手を近づけると共振が乱されて周波数が変化しやすい構造になっており，かざした手の位置によって差の低周波の周波数が変化し音程をコントロールできる仕組みになっています．

珍しいので教材としても販売されていますが，CQ出版社の「トランジスタ技術」にも製作記事が紹介されています．図11-13はその記事から回路図を引用紹介したものです．ピッチ可変用の発振器には変形コルピッツが採用されており，非線形回路に相当する変調部には2SK49というFETが使われています．面白いおもちゃなので真似して作ってみたらいかがでしょうか．

二つの周波数を混ぜるといろいろなことができるのですが，よいことばかりとは限りません．たとえば増幅器に複数の周波数の交流信号を同時に入力したときには，どの周波数の信号も同じように増幅され，内部で混ぜ合わされ（入力されなかった）信号が出てくるのはタブーです．この特性をチェックするために2信号を入力して出力を調べる試験法もあります．

もとの二つの交流信号が電気信号でなく音波である場合も同じような現象が見られます．

耳の非直線性によって周波数の異なる二つの音波の差の周波数の音が聞こえる現象ですが，一般には「唸り」という言葉で表現されています．

25.0kHzという音波と25.4kHzという音波が同時に入ってきたとき，差の400Hzという音が聞こえることになるのですが，25.0kHzも25.4kHzも超音波なので，直接聞くことができる人はあまりいません．しかし同時に入ってきた2波の差400Hzの音は聞こえるので，400Hzの音が存在するという錯覚におちいることがあります．このような現象は「耳鳴り」には無関係でしょうか．

11-9　AGC（自動利得制御）

非線形回路（11-7）で予告したように，入力と出力とが直線関係にないもののひとつにAGCがありま

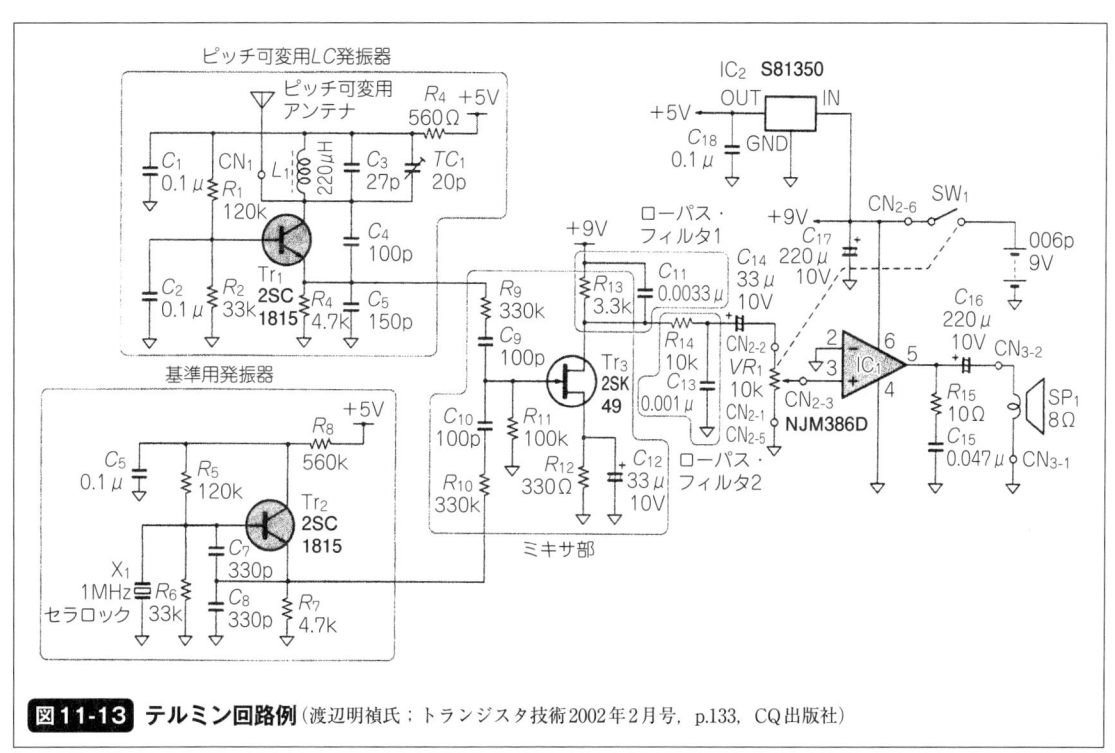

図11-13 テルミン回路例（渡辺明禎氏；トランジスタ技術2002年2月号，p.133，CQ出版社）

第11章 帰還，発振，非線形のはなし

> **Column N　饋電線，負饋還，正饋還**
>
> 　言葉の懐古談を始めましょう．戦後間もない1949年の配線図集が手もとにあります．
> 　この中の数か所に今なら「帰還」という文字が入るべきところに「饋還」という文字が使われています．また，同時代の書物では「給電線」＝フィーダ(feeder)のことを「饋電線」と呼んでいます．
> 　「饋」という漢字を辞書で調べると，食物や金品を送り届ける，とか餌を食べさせるという意味が出てきます．「饋」の音読みは「キ」ですが訓読み(意読)は「おくる」です．
> 　英語の「feed」も牛馬などに餌を与えるという意味があります．古いコンサイスの英和辞典で「feed・back」を調べると「饋還」が出てきます(古いコンサイスだから饋という字がある)．
> 　なるほど「饋還」は電力を返還させるという意味，「饋電線」はアンテナに電力を送ったりアンテナから電力を受けたりする電線という意味で，「饋」の字は味わい深い使われ方をしたものです．
> 　漢字が第2水準のためそれぞれ「帰還」と「給電」という別々の漢字に分かれてしまったようです．

す．Automatic Gain Controlの略です．増幅器の入力レベルには限度があり，いくらでも大きな入力を加えても電源電圧以上の振幅にはなり得ず，いつかは飽和してしまいます．増幅段を重ねた高利得のマイク・アンプもその例ですが，高利得でなくてもマイクに向かって大声で怒鳴れば飽和して忠実な出力は得られません．整備されたスタジオで音楽を録音するような場合は別ですが，相手に話の内容を伝えたいときには，小さな音は大きく，大きな音は自動的に音量をしぼって増幅させる必要があり，そこにAGCの出番があります．

　ひところ一世を風靡したカセット・レコーダーも例外ではなく，この場合はALCと呼ばれました(Automatic Level Controller)．

　AGCを必要とする代表的な機器にAMラジオがあります．特に移動するようなポータブル・ラジオは刻々と受信電波の電界強度が変化します．また送信アンテナに近いところでは上記のような飽和が起こり，検波してもまるでわからない音になってしまいます．電波の弱いところでは高感度にし，強いところでは自動的に低感度にする必要があります．

　ラジオのAGCの事例を**図11-14**に示します．図中にも述べたように，増幅段のトランジスタの電流を減らせば増幅率が減ることを利用して，検波段からマイナスの直流成分を帰還させれば目的を達成できるのです．

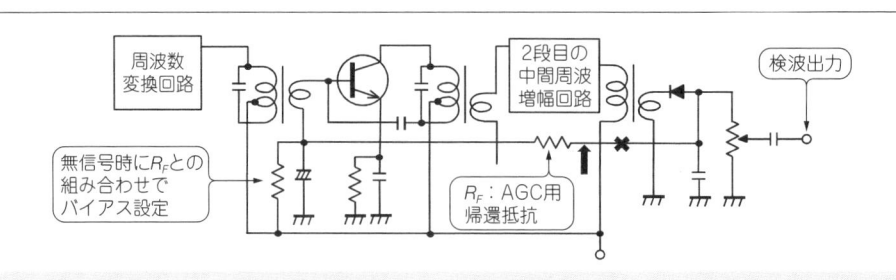

> ラジオの定番的なAGC回路だ．もしAGCをかけないとすると図の「×」点を切り離し「↑」点をグラウンドに落とすことになる．
> ラジオは「周波数変換」→「第1中間周波増幅」→「第2中間周波増幅」→「検波」というブロック構成になっている．
> AGCはその第1中間周波増幅器のトランジスタ(2SC372とか2SC1815など)のベース電流を検波出力のマイナス成分で減らすと電流増幅率が減ることを利用して行っている(リバース方式と呼ぶが電流を増やすフォワード方式もある)．
> このコレクタ回路に電流計を入れるとご存じ同調指示器になる

図11-14 トランジスタラジオのAGC

第12章

期待される技術のあれこれ

　本書の冒頭に，本書の具体的目標は「回路図が読めるエンジニアになること」と書きました．「回路図が読める」ということは，表面的に回路図の説明ができるということではなく，「電子回路の動作原理がわかって回路図の意図をくみ取れる」ということを期待します．そのためには，回路の構成要素である電子部品のはたらきを知ることが欠かせないので，ほとんどの章で電子部品の解説に終始していたのです．

　さて期待されるエンジニアは，電子部品のみの知識にとどまらず，回路のシステムや機構部品にも精通し，回路設計から基板設計に移行する段階でも，部品配置や実装に配慮して行動できるエンジニアであってほしいと思います．

　システムについては第11章で帰還などに触れましたが，機構部品についてはまだ話題の積み残しがあります．また実装については「グラウンドの怖さ」も伝えたいので，本章ではあれこれ異質のテーマを駆け巡ることになりますが，言い残した重要な知識をまとめて提供したいと思います．

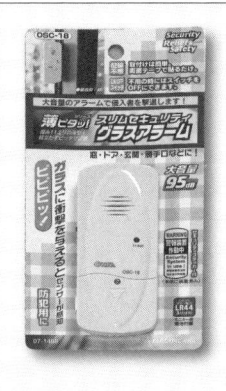

本章のコラムで取り上げた衝撃感知センサの商品事例です．ドロボーさんは鍵近くのガラスを叩き割って手を差し入れ，引き戸のロックを外して侵入するそうです．別に親しいドロ君に聞いたわけではありません．
センサは衝撃を感知するもので，実際に試してみても相当の衝撃を加えなければ作動しません．このセンサと動体を検知するセンサがあれば家庭のセキュリティは万全でしょう．

第12章 期待される技術のあれこれ

12-1　回路図読解力のチェック

　いままで抵抗器，コンデンサ，コイルなどの受動素子とダイオード，トランジスタ，FET，OPアンプなどの半導体について，最低限必要と思われる基礎知識を紹介し，それらを組み合わせるとどんな回路ができるのかを解説してきました．基礎知識には個人差もありますから，いままでの各章を読んだ人はもちろん，読まなかった人に対しても，ある質問を投げかけて回路図を読み取る基礎的な実力をチェックしてみます．

　表12-1は「回路図の読み解き力チェックシート」です．チェック・シートの姿はしていますが，設問に対して解答を誘導するヒントも付け加えてあるので，考え方のガイドとして参考にしてください．

①	その回路は経験済みでよく知っている回路か（たとえば次のような質問に答える） ▶高周波か低周波か／増幅器か発振器か／整合か減衰か／が答えられるか ▶名のある有名回路であればそのことを知っているか ▶成功や失敗の経験があるか
②	トランジスタ，FETによる増幅器の接地方式が説明できるか．方式を選んだ理由は？ ▶ヒント：出力をどの極から取り出しているかが決め手．エミッタやソースにパスコンがなくても決め手にはならない 　・ベース接地，ゲート接地は出力インピーダンスが高い．高周波増幅向き 　・コレクタ接地やドレイン接地は高入力インピーダンス・低出力インピーダンス 　・エミッタ接地やソース接地はもっとも一般的 ▶接地方式を特定できない回路に出会ったらどう考えるか 　直流の増幅器か，またはスイッチなどの直流コントローラか 　　ヒント1：入力端には何が入力されているか．出力は何につながっているか 　　ヒント2：直流で駆動され，高周波の信号をON/OFFするものもある
③	抵抗器の使用目的を答えられるか．以下の目的に大別できる ▶トランジスタやFETのバイアス用 　ヒント1：電源・グラウンド間にあってトランジスタやFETと絡み合っている 　ヒント2：多くの場合バイアス用の抵抗器の値を使って電流値が計算できる ▶交流信号の経路にあり以下のようなものがある．その中のどれかを特定できるか 　・トランジスタやFETのバイアスと兼用で交流信号電圧を発生させる抵抗器 　・抵抗器のみで構成される整合用の回路網や減衰器 　・帰還用回路網の構成要素 　・中容量のコンデンサ（1μF前後）と組み合わせた時定数，移相，平滑の各回路 ▶大容量のコンデンサ（10μF以上）と組み合わせた電源ラインのデカップリング回路
④	コンデンサの使用目的を答えられるか．以下の目的に大別できる ・直流を阻止し交流信号のみを通過させるバイパス用コンデンサ（パスコン） 　増幅素子への入出力はほとんどこれである ・電源ラインを平滑化する数十μF以上の大容量の電解コンデンサ ・電解コンと並列に入れ電源ラインの高域ノイズを抑える0.1μF程度のコンデンサ ・周波数特性を決めるためのコンデンサ．帰還用回路網の構成要素も含む ・コイルと組み合わせた共振用のコンデンサ，あるいはフィルタの構成要素
⑤	コイルの使用目的を答えられるか．以下の目的に大別できる ・交流分を阻止し直流分のみを通過させるチョーク・コイル ・コンデンサと組合わせた共振用のコイル，あるいはフィルタの構成要素 ・二次コイルを伴うトランス ・ループ・アンテナ

表12-1 回路図の読み解き力のチェックシート（ヒントや手助けも含む）
ここに述べてあることを自問自答してみてOKであれば「回路図の読み解き」合格！

多端子部品の常識 12-2

チェックしたい基本項目は五つあり，**表12-1**のグレー部分です．理解を助けるため以下にポイントを補足します．

①はすでにいくつかの回路の経験があるかどうかをたずねているものです．成功であっても失敗であっても経験を積むことは技術レベルを高める最高の手段だからです．

②は半導体を増幅器として使った場合の接地方式をたずねています．接地方式をあまり理解していなかった人のために「ヒント」を提供し要点を解説してあります．このヒントに書かれている要約は，接地方式選択の鍵となる重要な結論です．

半導体は増幅目的ばかりとは限りません．しかし直流でコントロールされるものですから，**表12-1**に示したように「ヒント1」と「ヒント2」を用意しました．

③は抵抗器に関するものです．抵抗器の使用目的は半導体が増幅可能な状態になるように直流条件を整えるいわばバイアスと，交流信号を加工するものなどがあります．**表12-1**にある電源ラインのデカップリング回路というのは，増幅段が複数ある場合に段間の結合（カップリング）を遮断するために入れる逆L型RCフィルタで，抵抗器の代わりにコイルが使用されることもあります．デカップリングの「デ」は排除するという意味です．

④と⑤はあらためて補足する必要もないだろうと思われます．

ヒントや説明を読んだうえですべて明快に答えられれば「合格！」と言いたいところですが，かなり省略して説明してあるので，抽象的な理解にとどまらず，CQ誌や「トランジスタ技術」誌で見かけた回路が**表12-1**のどれに相当するのか振り分けてみる訓練をお勧めします．中には**表12-1**に区分けされてないものもあり得るので，その回路の動作と目的を突き止めて経験を増やすよう努力してください．

● 12-2 多端子部品の常識

回路図を読むうえで無視できないのが，回路に使用される複数端子を持つ部品の端子形状や端子番号の付与方法などに関する約束事です．

図12-1はICのパッケージ（外囲器）のピン配列の決まりごとを示した図です．ICにはカエルが伏せた

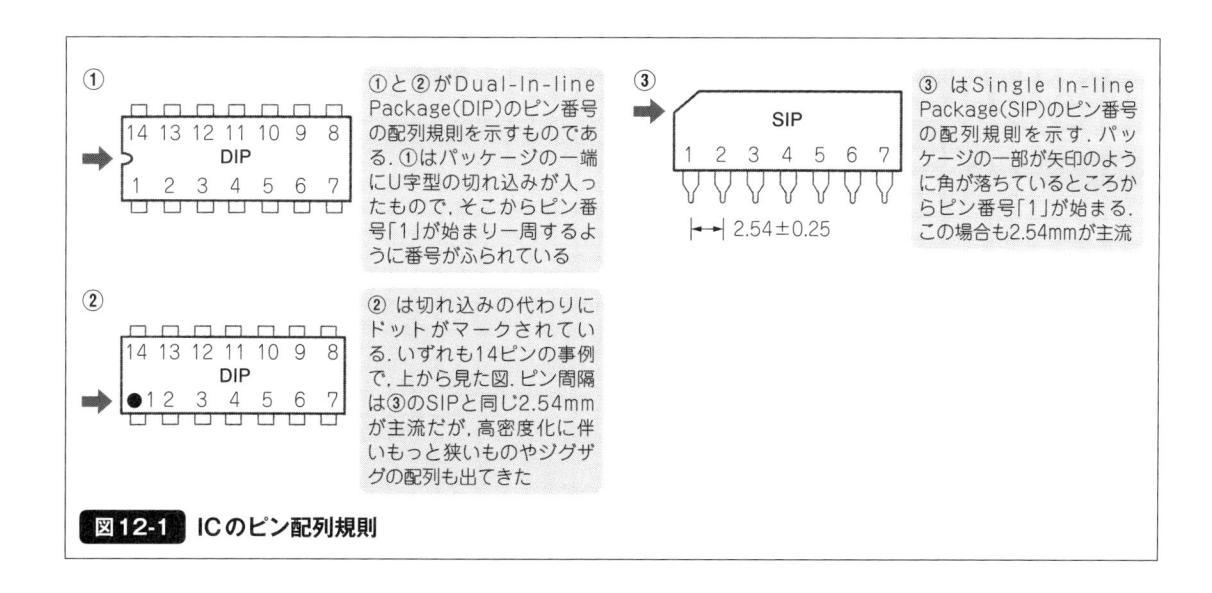

①と②がDual-In-line Package(DIP)のピン番号の配列規則を示すものである．①はパッケージの一端にU字型の切れ込みが入ったもので，そこからピン番号「1」が始まり一周するように番号がふられている

③はSingle In-line Package(SIP)のピン番号の配列規則を示す．パッケージの一部が矢印のように角が落ちているところからピン番号「1」が始まる．この場合も2.54mmが主流

2.54±0.25

②は切れ込みの代わりにドットがマークされている．いずれも14ピンの事例で，上から見た図．ピン周隔は③のSIPと同じ2.54mmが主流だが，高密度化に伴いもっと狭いものやジグザグの配列も出てきた

図12-1 ICのピン配列規則

12-4　グラウンド記号はたくさんあるけれど……

　回路図の中にはいたるところにグラウンド記号があります．半導体には電源のプラスが加わり，その反対極であるマイナスに流れ込みます．扱う信号のほうも通常2本のケーブルで増幅器の間を連結しています．バランス・タイプの2線式でないかぎり，その片方は各増幅器のグラウンド側を共通に使っています．

　このように電源のマイナス側と信号のグラウンド側を束ねるとかなりの電線が使われることになり，これらを忠実に記入すると回路図は相当に複雑になるので，グラウンドに接続される部分はその場でグラウンド記号によって終わらせる便法が取られています．

　グラウンドは配線や基板を支える金属シャーシと呼ばれる図体の大きな金属板であることが多く，全回路がこのシャーシの上に構築されていると考えることができます．金属シャーシを使わない試作回路基板の場合にも，グラウンド相当の回路はできるだけ広い銅箔で配線するのが常識です．

　そのグラウンドは，回路図の上では無造作にグラウンド記号で終端させていますが，実際にグラウンド（接地）させるときには扱う周波数や電力によって最寄りのグラウンドに最短距離で接続するか，接地すべき配線を一つにまとめてグラウンドに接続するかが大きく分かれてきます．前者を「最短アース」，後者を「一点アース」と呼んでいます．回路図には最短アースがよいとか一点アースがよいなどという実装上の注意は書きこまれませんが，回路図全体からはどちらを採るべきかがジンワリと読み取れるものです．

　最短アースと一点アースがどのように異なるのか，体験に基づいた事例を紹介しましょう．

12-5　グラウンドの重要性

　回路図どおりに組み立てた定電圧電源装置が，電流が少ないうちは予定どおりに動作したのに，流せ

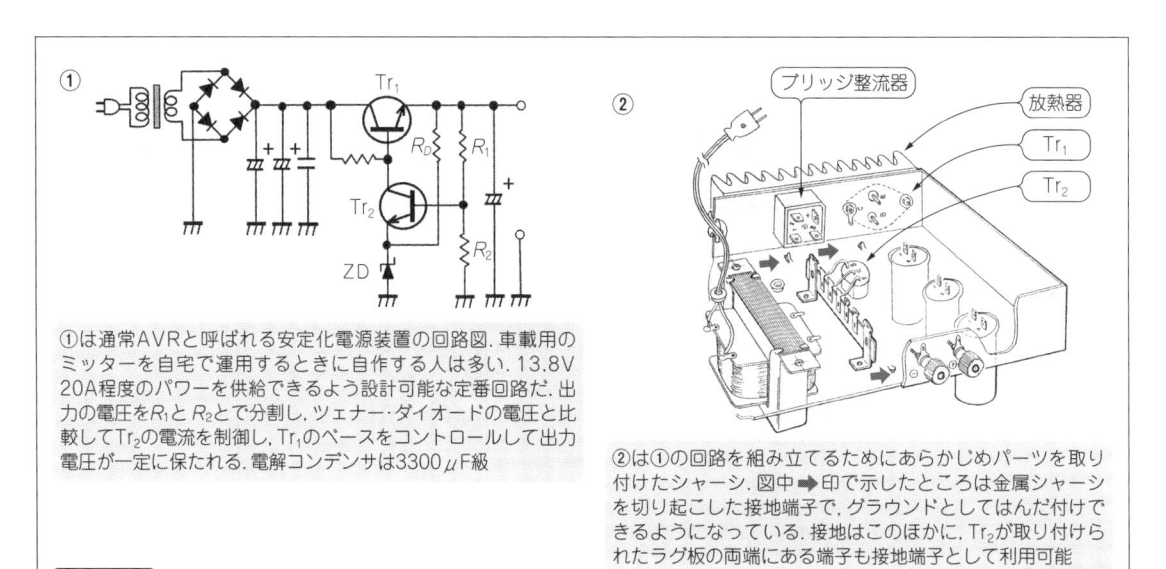

①は通常AVRと呼ばれる安定化電源装置の回路図．車載用のミッターを自宅で運用するときに自作する人は多い．13.8V 20A程度のパワーを供給できるよう設計可能な定番回路だ．出力の電圧をR_1とR_2とで分割し，ツェナー・ダイオードの電圧と比較してTr_2の電流を制御し，Tr_1のベースをコントロールして出力電圧が一定に保たれる．電解コンデンサは3300μF級

②は①の回路を組み立てるためにあらかじめパーツを取り付けたシャーシ．図中➡印で示したところは金属シャーシを切り起こした接地端子で，グラウンドとしてはんだ付けできるようになっている．接地はこのほかに，Tr_2が取り付けられたラグ板の両端にある端子も接地端子として利用可能

図12-5　安定化電源の回路とシャーシ構想

12-5 グラウンドの重要性

るはずの大電流を流したときに強烈な発振を起こした，という事例があります．

このトラブルは，グラウンドの順序と配線方法を見直すことによって解決しましたが，グラウンドの方法がいかに重要かを物語る報告書ともいえるので紹介します．

物語でも読むように，しかし図をじっくり観察しながら読み進んで，今後の自作に備える教訓としてください．**図12-5**～**図12-7**がその一連のストーリーです．

図12-5の①は製作予定の回路図，**図12-5**の②は回路図に合うように予備加工したシャーシの構造実態図です．

回路図を読めばどのような機能を果たす装置かはわかると思いますが，念のため**図12-5**の①に動作原理をかいつまんで紹介しました．

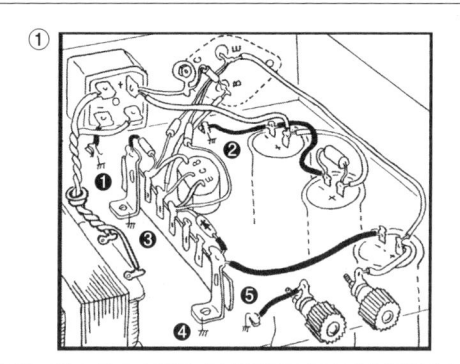

図12-5の②に示すようなシャーシのグラウンド端子を利用して直近の部品を配線したもの．上はその実体配線図．グラウンドにつながる配線を黒色で示し，接続点に番号を付けた．全部品とも13.8V 20Aに耐える定格で，**図12-5**の②の回路図を忠実に製作しているのに，なぜか10Aを超えたところで強烈な発振を始める

図12-6 試作した安定化電源の問題点

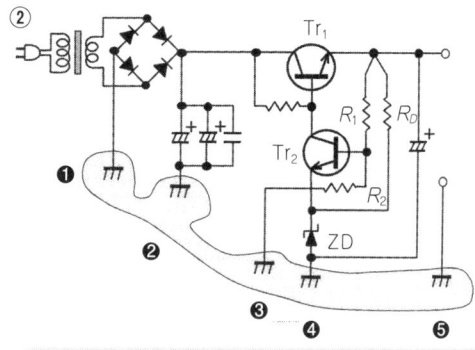

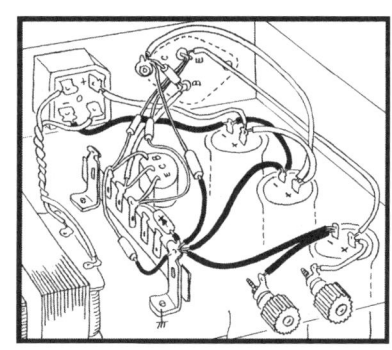

念のため①の配線実体を，接地点の位置に注目しながら忠実に回路図に描き直してみた．グラウンドのあと先が不明確で複雑な帰還が行われているらしい．ちなみに❶と❺との間は0.3Ω前後はある．0.3Ωに10A流れれば両端の電圧は3Vにもなる!!

図12-6の問題点を解決するよう配線し直した回路がこれだ．図12-6と同様グラウンドにつながる配線を黒色で示したが，図12-6と比べてみるとグラウンドへは1か所にまとまっている違いに気がつくだろう．もう一つ，大容量の電解コンデンサを順番に渡り歩いているところが大きく異なる

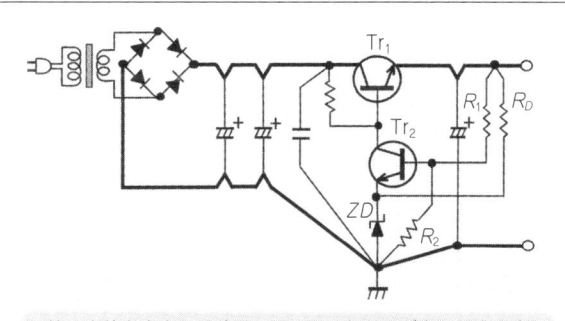

図12-7 お勧めできる安定化電源のグラウンド

配線の実体を忠実に回路図に写し取ったものが上に示す回路図である．この回路図を見れば一目瞭然で「悪い帰還」が入り込む余地がないほどスッキリしている．この回路に改めることによって，余裕を持って20Aの出力が可能になっている．
先述のようにコンデンサは並列につないだものをまとめてつなぐのでなく，電源の流れにしたがって「渡り歩くように」順番につなぐのがお勧めだ

この回路を予備加工したシャーシに配線して装置をまとめ上げるのですが，回路図に描かれた8個のグラウンド記号をどのようにさばいたらよいのかで性能が方向付けされることになるのです．

図12-6の①は**図12-5**①の回路図にしたがって，ごく普通に製作した装置の実態図です．出力電圧を実測しても予定した電圧がピタッと出るので完成したと結論付けました．

この判定方法にはあとで考えれば疑問が残りますが，とりあえず話を進めましょう．

あるとき別の目的で10A以上の電流を流したときに装置が強烈な発振を起こしました．**図12-6**の①の装置は，結果的に失敗作ということになります．

図12-6①の実態図を見ながら，特にグラウンド・ポイントを忠実に回路図に描きなおしたものが**図12-6**の②です．この図を見ただけではさほど大きな欠陥は見当たらず，図中の説明にも述べたとおり，グラウンド・ポイントの❶と❺の間も0.3Ωしかありません．

しかし説明にも述べたとおり，0.3Ωに10A流れれば3Vにもなります．

大電流が流れたらどういう状態になるのかは推察しにくいものですが，熟考の末，これなら問題が入り込む余地はないだろうとやり直した回路が**図12-7**で，実態図と忠実に回路図化したものを示してあります．これで問題点は完璧にクリアされました．

図12-7に示した回路の特徴は二つあります．

一つは「右から左方向に戻る悪い帰還」が入り込む余地のないスッキリしたものになっていること，もう一つは電源の流れが，どの電解コンデンサの端子にも必ず出会うよう，「渡り歩くように」配線さ

Column ⓞ　回路図には書かれない実装ノウハウ

回路図から実際の組み立て（実装）にうつる手順に，重要なノウハウがあります．

まず主要部品の配置です．実装がうまくいくかどうかはほとんど部品の配置で決まります．実装がうまくいかないときは，大体において思わぬ発振を起こします．配置にあたって守りたい鉄則は，信号の流れが上流に逆流しないことです．そのためには主要部品が信号の流れに沿って配置されることと，下流から上流に戻るような支流を作らないことです．

通常回路図は各段の配置が信号の流れに沿って描かれているので，これを写し取るように主要部品を配置すればよいのですが，なかには目的があって信号の流れに沿ってない回路図もあるので気をつけます．

主要部品の配置と並行して留意すべきことにグラウンドのパターンがあります．グラウンドのパターンは余裕のあるかぎり広く確保しますが，これも信号の流れが上流に逆流しないことを最優先にします．

信号の流れが上流に逆流しないためには，ループ状のグラウンド・パターンを作らないことです．グラウンド・パターンが「O」の字になっていたら1か所を切断して「C」の字に変え，切断したところから配置が始まるようにします．

部品の配置とグラウンド・パターンの設計のときは，美空ひばりを思い出してください．「川の流れのように」部品を配置してグラウンド・パターンを描くことです．構造の都合でネジ曲げないようにしてください．

いよいよ部品のはんだ付け作業に入るのですが，作業の前に使用する全部品を集合させてみてください．その中から，まずバイパス用のコンデンサのルートを最優先して配線しましょう．最優先という意味は，最短で最適位置ということです．

信号にとってはコンデンサを経由するルートが最重要なのであって，バイアスを決めるために入れたような抵抗器の配線は，長さや位置をさほど気にすることはありません．大電流が流れる抵抗器は配置やリードの長さは多少気にする必要はあります．配線にあたっては，抜けがないように，はんだ付けが終わった部品を回路図の上でチェックマークしながら配線を進めます．

実装ノウハウを要約すると，次のようになります．
- 主要部品の配置とグラウンド・パターンは川の流れのように
- グラウンドのパターンは「O」ではなく「C」に
- はんだ付け作業はバイパス用コンデンサを最優先に

グラウンドの重要性 12-5

れていることです.

失敗作の反省点は, 電流の大きさなどをあまり意識せずに物作りをしている「悪い慣れ」があったことと, 20Aを供給できる装置を目指したのなら, 実際に20A($+α$)流して判定をすべきだったことです.

結局安定化電源は「一点アース」に落ち着きました.

さて一般論ですが, 低周波回路はグラウンドの順序を考慮して, グループごとに「一点アース」を採用し, 高周波回路は部品のリード線を極力短くする目的で「最短アース」で処理するのが常識となっています.

ただし最短アースの場合は, すくなくとも主要部品が取り付けられるシャーシの全面が導電性のよい銅板などでできていることが望まれます.

図12-6の回路も図12-7の回路も, 回路図として描かれるときには, どちらも同じように図12-5①の回路で表現されてしまいます. ここに回路図では表せない実装上の怖さが潜んでいることを認識しておきましょう.

同時に回路図が描きやすいからといって, ふんだんにグラウンド記号を使用することの手軽さと怖さを知っておきましょう.

Column P　センサのはなし

「しんがり」のコラムにふさわしい話題を提供したいと思います.

電子回路に詳しくなったあなたはその知識財産をどのように生かそうと思っていますか？

識者として人の回路を評論するだけではつまらないと思いませんか.

無線系の書籍だからといって, 入出力が無線に絞られてしまうのは残念です.

センサを勉強し, おさらいした電子回路と組み合わせて身の回りの便利グッズにしあげたらさぞかし楽しい「電子生活」に発展すると思われます.

センサとはある物理現象を探知したり, 計量したりして結果を利用できるようにする入力回路のようなものです. 種類は市販されているもの, 未開拓なものを含め, 無限にあると思われます.

『千差万別』とはセンサのために存在する四字熟語と思っています.

センサを使って商品化されているものを拾い上げてみると, ガス器具の振動を感知するセンサ, 熱や煙を感知する火災報知器, 人や動物の動きを感知して点灯する(センサ)ライト, ガラスが割れた衝撃を感知して強烈なアラーム音を出す防犯グッズ, 等々主としてセキュリティや防災目的の商品が先行しているようです.

このほかにも超音波を利用した非接触距離計やアルコール濃度を検出する飲酒チェッカーなどもあり, 百花繚乱です.

センサは人間の五感に代わるものと思われがちです. たとえば視覚関連では赤外線センサとか光センサ, 聴覚関連では超音波センサやマイクロホン, 嗅覚関連では(硫黄化合物系)ガスセンサ, 触覚関連では圧力センサ, ……などが思い浮かびます.

しかし世の中には人間の五感では感じない物理現象が山ほどあります.

このコラムを書くにあたり, センサを分類して何とか一覧表にしてみたいと思いましたがあきらめました. 磁気センサ, 放射線量のセンサ, 加速度センサ, 動体を検出する焦電センサなど, むしろ五感代替以外のセンサが多いのです.

さてそろそろ提案です.

1) いままで学んできた電子回路にセンサをつなげば, ○○検出器や××量計ができます.
2) センサは売られているものだけではありません. 工夫次第で自作も可能です.
3) 「何とかならないか」というテーマにチャレンジしてみてください. たとえば, 洗濯物を守る「雨センサ」, ゴミを荒らすカラス撃退のためのセンサ, 忘れ物で遠ざかっていくカバンのセンサ, 果樹園や畑をまもる「熊センサ」, 家庭を守る「ごきぶりセンサ」, 車の盗難防止の「窃盗センサ」などなどアイデアを掘り起し, 達成するためのセンサの勉強に果敢にチャレンジしてみましょう.

12-6　楽しく学ぶ「学び方」について

　12月が1年の総決算であるように，第12章のこの節が本書の締めくくりになります．

　その締めくくり方ですが，面白い回路，珍しい回路総出でフィナーレを飾るアイデアもあり，考えただけでもウキウキするようなにぎやかな「トリ」になりそうでしたが，いよいよ発散してまとまらなくなりそうになったので方向を転換し，表題のようなまとめ方におさめることにしました．

　ただ，ウキウキするような題材がまだまだあることをお伝えしますので，楽しい電子回路は奥が深いことを理解してください．では本論に入ります．

　本書のテーマが電子回路入門ですから，この本を読もうとされる方は，電子回路に強くなろうという意思があってのことと思います．動機は人によって千差万別だと思いますが，その動機は大切にしたいものです．

　学校で電子工学は履修したけれど，もう少し違った角度から気楽に勉強して理解を深めてみたい，という人もいるでしょう．自分は営業で技術屋ではないけれど，仕事が電子関係で付き合う相手が技術屋さんだから，電気を知らなかったら商売にならない，という人もいるでしょう．また単に教養としてレベルを高めたい人もいることと思います．さらにハムのビギナーが一段レベルを上げて上級ハムになりたいケースもあるでしょう．もともと電子工作は趣味だけれどもっといろいろ知りたいという人もいるでしょう．

　これらの動機を「目標」としてしっかり見据えることが第一歩です．

　ではどのように行動にうつすのでしょうか．目標によって若干順位は変わるでしょうが，

1. 小説でも読むように，気楽に楽しくこの本を読んでみましょう．
2. アマチュア無線技士の資格に挑戦しましょう．

　まだ取得してない人はとりあえず取ること，資格のある人は上級の資格に挑戦することです．国家試験が目標になることは大変な動機づけになります．資格がとれて楽しくない人はいません．

3. 何か作ってみたいと思っている「趣味人」は，まずキットから入ることをお勧めします．

　キットの活用は第8章の冒頭でも紹介しました．キットからの入り方がよくわからない人のために，インターネットで商品検索もできる通販を紹介しておきます．キットだけでなくかなりマニアックな部品も入手可能です．

　URLそのほかは2011年末の情報です．

秋月電子通商：http://akizukidenshi.com/　秋葉原中心

千石電商：http://www.sengoku.co.jp/　秋葉原，大阪日本橋

マルツパーツ館：http://www.marutsu.co.jp/　全国組織

エレキット：http://www.elekit.co.jp/，http://www.japan-elekit.jp/　（取扱店：全国組織）

　キットにもユニークなものが多く，カタログを見ているだけで楽しくなるものです．

4. 楽しく電子回路を身につける方法の一つに，まず作ってみることをお勧めします．

　キットを作ることともダブりますが，まず，はんだごて，ラジオペンチ，ニッパをそろえましょう．もともと男の子は道具をそろえるのが好きだといわれています．筆者も道具好きで，珍しい道具や精巧なカッチリした道具を見ると使う予定もないのに買ってしまいます．道具集めも楽しいものです．そのうちはんだごてでちょっとしたやけどでもすると勲章でももらったように人に威張ったりなんかして．

楽しく学ぶ「学び方」について 12-6

5. 自作派とか工作派とかいいますが，もの造りが好きな人は修理派でもあります．

　修理は，その道具や機械の原理を知るうえで絶好の教育現場になります．故障以前の姿に戻り，外観をきれいに磨いて，周囲から尊敬のまなざしで見られるのも楽しいことです．

6. 壊れて本当に処分しなければならなくなった電子機器もあるでしょう．そのときどうしますか．使い物にならないほどボコボコになった部品はどうしようもありませんが，まだ使えそうな電源コード，リモコンの電池，コントローラのつまみ，ヒューズなどは簡単にジャンク箱入りできます．もし回路基板がばらせたら，整流用の素子や定電圧電源用の電力用トランジスタなど取り外しておけば何かのときに助っ人として使えます．トランスもばらせば立派な線材が確保できます．

　こうなると修理屋ではなく，楽しい「廃品回収屋」です．

　自治体の不燃物の廃棄の日に待機して回収するのはちょっと気になりますけど．

　行動するためのいろいろなアプローチの方法を紹介しましたが，何をしたいかがイメージされていれば行動の範囲は広くなるものです．ぜひ参考にしてください．

　楽しく学ぶ方法を紹介しましたが，せっかくの機会なので次に述べることもお勧めして本書の締めくくりにしたいと思います．

　それは「複数分野でベテランになりましょう」という提案です．

　たとえばColumn Cで取り上げた動物の電気のような研究は，電気物理と生物学という二つの分野に精通していれば容易に開拓できることと思われます．

　もともと電気そのものも数学と電気の相互乗り入れの分野ではあります．

　技術と法律の二分野に精通していれば，特許に貢献するでしょう．

　複数の分野にはいろいろな組み合わせが考えられます．電気と機械，電気と英語などがそうですが，電気にこだわらなくても，およそ専門化してよその分野のことに疎くなってしまいがちな今日の科学すべてに言えることだと思います．

　限られた世界に閉じこもらず，目を広く見開いて，いままで見向きもしなかったことも勉強することをお勧めします．

索 引

欧文
- ACアダプタ ………………………… 25, 27
- ALC …………………………………… 136
- $CMRR$ ……………………………… 114, 119
- DIP …………………………………… 139
- DMM …………………………………… 35
- Hi-Fi ………………………………… 127
- I_{DSS} ………………………… 102, 103, 107
- LED …………………………………… 71
- N型半導体 ………………………… 66, 67
- PN接合 ………………………………… 67
- P型半導体 ………………………… 66, 67
- RIAA ………………………………… 127, 128
- SIP …………………………………… 139
- V_F ………………………………… 68, 69
- VXO ………………………………… 130

あ
- アンペール …………………………… 15
- イコライザ・アンプ ……………… 127, 128
- 位相 …………………………………… 63
- インダクタンス ……………………… 56
- インピーダンス …………………… 47, 55
- 唸り ………………………………… 135
- エピタキシャル・プラナー ………… 75
- エミッタ・フォロア ………………… 93
- エレクトレット ……………………… 43
- エンハンスメント ………………… 103
- オーム ………………………………… 32
- オームの法則 ………………………… 35

か
- 加減算回路 ………………………… 122
- カソード・フォロア ………………… 93
- 可変容量ダイオード ………………… 73
- カラー・コード …………………… 37, 38

- 共振 …………………………………… 58
- クーロン …………………………… 10, 44
- クラップ …………………………… 130
- 検波 …………………………………… 68
- コルピッツ ………………………… 130
- コンパレータ ……………………… 121

さ
- サージ電流 …………………………… 76
- 差動増幅器 ………………………… 96, 115
- 次元 …………………………………… 15
- 実効値 ………………………………… 13
- 周波数逓倍 ………………………… 80, 100
- 順方向電圧 ………………………… 68, 69
- ショックレー ………………………… 78
- ショットキーバリア ………………… 75
- 真性半導体 …………………………… 66
- シンセサイザ ……………………… 134
- スーパー・キャパシタ …………… 45, 47
- 正孔 ………………………………… 67, 79
- 整合 …………………………………… 24
- 静電容量 ……………………………… 44
- 接地方式 ……………………………… 82
- 接頭語 ………………………………… 14
- セラミック・コンデンサ …………… 46
- ゼロバイアス ……………………… 81, 100
- 全波整流 ……………………………… 24
- 相互コンダクタンス ……………… 103
- ソレノイド・コイル ………………… 54

た
- ダーリントン ………………………… 94
- ダイポール・アンテナ ……………… 49
- チップ素子 ……………………… 40, 51, 58
- ツェナー ……………………………… 72

149

	抵抗アレー … 122		ピンチオフ電圧 … 103
	抵抗値 … 32		ファラデー … 15
	抵抗率 … 66		フィールド型スピーカ … 60
	定電圧ダイオード … 73		フェライト・アンテナ … 57, 61
	デカップリング … 139		フォン … 16
	デジタル・マルチ・メータ … 35		物理量 … 15
	デシベル … 15		不平衡 … 64
	テスタ … 34		ブラッティン … 78
	デプレッション … 103		フランクリン … 12
	テルミン … 134		ブリッジ整流 … 24
	電圧増幅度 … 88, 106		ブロッキング発振 … 130
	電圧フォロワ … 117		平衡 … 64
	電気二重層 … 45, 47		平衡変調器 … 134
	電磁波検出装置 … 120		ベル … 15
	電流帰還 … 129		ヘルツ … 14
	電流増幅度 … 88		変位電流 … 47, 49
	電力量 … 13		ヘンリー … 56
	ドーピング … 66, 67		保護回路 … 70, 75, 112
	ド・フォレスト … 78		ボルタ … 10
	同相信号除去比 … 114, 119		
	盗難防止シール … 62	ま	マクスウェル … 11
	トランス … 57		摩擦電気 … 11
			マッチング … 24
な	内部抵抗 … 23		水飲み鳥 … 125, 138
	ノッチ・フィルタ … 121		メモリ効果 … 22
は	バーディーン … 78	や	誘電率 … 44
	ハートレイ … 130		
	倍電圧整流 … 74	ら	ライデン瓶 … 10
	バイパス・コンデンサ … 48		ラジオゾンデ … 61
	ハイファイ … 127		理想電池 … 22
	発光ダイオード … 71		リップル … 48
	バラン … 64		ループアンテナ … 53, 138
	バリキャップ … 73		レーザー・ダイオード … 71
	反磁性体 … 61		レンジ … 39
	半波整流回路 … 24		レンズ … 55
	ピアース … 130		

著者プロフィール

吉本 猛夫（よしもと・たけお）
JR1XEV　第一級アマチュア無線技士

はじめに筆者の歴史を駆け抜けることにします．筆者は北九州生まれ，中学生のころラジオ作りにうつつを抜かし，学生時代に電子工学を学び，（株）東芝で電子機器を設計開発してきた「電気屋」です．

ラジオからスタートし，得意としていた無線の知識が活かせるマルチバンド受信機の設計などで汗を流しました．世の中のIC化の流れの中でIC回路の設計や，CD-ROMの開発などを担当し，もっぱら新しい商品を開発することが筆者の担当業務でした．

さて筆者はアマチュア無線技士です．アマチュア無線は無線技士どうしで電波を使って交信する趣味の世界ですが，近くの仲間とお話したり，地球の裏側の人たちと交信したりできる "King of Hobby" の世界です．また地震などの災害に備えて緊急の連絡網にもなれる「頼れる趣味」でもあります．

アマチュア無線の世界では，どんな機器でも自作してしまおうとする「自作派」と呼ばれる人種がいます．自作するためには電子回路を理解していることが求められますが，筆者は根っからの自作派人間で，自宅にある家電製品が故障すると直ちに直してしまい，その商品がオールドファッション化しても使い続けているありさまです．

「村の渡しの船頭さんは今年六十のお爺さん」という歌がありますが，「お船を漕ぐときは元気いっぱい櫓がしなる」で結ばれています．筆者も今では頭が白くなったお爺さんですが，若い後輩に電気を説くときには「爺さん目線」のわかりやすい解説に情熱を燃やす先輩になっています．大学で電子工学を勉強する孫の質問に，いかにやさしく説明するかという命題に取り組むのがとても楽しいこの頃です．

もの造りのほかにも陽気な趣味をたしなんでおり，クラシック音楽の鑑賞，落語を聞くこと，古典的な機器（？）の蒐集や修復，似顔絵，駄洒落，……と豊富です．現役時代，若い後輩たちのために，基礎的な工学入門書を書く機会に恵まれ，CQ出版社から複数の著書を出版させていただきました．

本書の兄貴分にあたる書籍に「初心者のための電子工学入門」があり，アンテナに関する書籍に「基礎から学ぶアンテナ入門」があります．また電子工学には無縁の「作って楽しむDIY工作ノウハウ」も成果のひとつです．また「生体と電磁波」というユニークな出版物もあります．いずれも「お爺さん目線」で書いたものです．

本書とともにご愛読いただければ幸いです．

- ●本書記載の社名，製品名について──本書に記載されている社名および製品名は，一般に開発メーカーの登録商標です．なお，本文中では™，©，®の各表示を明記していません．
- ●本書掲載記事の利用についてのご注意──本書掲載記事は著作権法により保護され，また産業財産権が確立されている場合があります．したがって，記事として掲載された技術情報をもとに製品化をするには，著作権者および産業財産権者の許可が必要です．また，掲載された技術情報を利用することにより発生した損害などに関して，CQ出版社および著作権者ならびに産業財産権者は責任を負いかねますのでご了承ください．
- ●本書に関するご質問について──直接の電話でのお問い合わせには応じかねます．文章，数式などの記述上の不明点についてのご質問は，必ず往復はがきか返信用封筒を同封した封書でお願いいたします．ご質問は著者に回送し直接回答していただきますので，多少時間がかかります．また，本書の記載範囲を越えるご質問には応じられませんので，ご了承ください．
- ●本書の複製等について──本書のコピー，スキャン，デジタル化等の無断複製は著作権法上での例外を除き禁じられています．本書を代行業者等の第三者に依頼してスキャンやデジタル化することは，たとえ個人や家庭内の利用でも認められておりません．

Ⓡ〈日本複写権センター委託出版物〉
本書の全部または一部を無断で複写複製（コピー）することは，著作権法上での例外を除き，禁じられています．本書からの複製を希望される場合は，日本複写権センター（TEL：03-3401-2382）にご連絡ください．

楽しく学ぶアナログ基本回路

2012年3月1日　初版発行

© 吉本猛夫 2012
（無断転載を禁じます）

著者　吉本　猛夫
発行人　小澤　拓治
発行所　CQ出版株式会社
〒170-8461　東京都豊島区巣鴨1-14-2
☎03-5395-2149（出版部）
☎03-5395-2141（販売部）
振替　00100-7-10665

定価はカバーに表示してあります

乱丁，落丁本はお取り替えします

編集担当者　櫻田　洋一
DTP　クニメディア㈱
印刷・製本　三晃印刷㈱

ISBN978-4-7898-1345-7

Printed in Japan